水电站建设与运行管理研究

张致强　曾　磊　蒋平孝　著

中国原子能出版社

图书在版编目（CIP）数据

水电站建设与运行管理研究 / 张致强，曾磊，蒋平孝著. --北京：中国原子能出版社，2024.6. --ISBN 978-7-5221-3521-2

Ⅰ. TV737

中国国家版本馆 CIP 数据核字第 2024YA0883 号

水电站建设与运行管理研究

出版发行	中国原子能出版社（北京市海淀区阜成路 43 号　100048）
责任编辑	王　蕾
责任印制	赵　明
印　　刷	北京九州迅驰传媒文化有限公司
经　　销	全国新华书店
开　　本	787 mm×1092 mm　1/16
印　　张	13.25
字　　数	178 千字
版　　次	2024 年 6 月第 1 版　　2024 年 6 月第 1 次印刷
书　　号	ISBN 978-7-5221-3521-2　　定　　价　78.00 元

前 言

随着我国的经济发展和建设，我国水电事业的发展速度和规模也突飞猛进，建成了或将建成一大批具有电站级数多、装机容量大、输送点范围广等特点的大规模水电站。这类大规模的水电站具有非常显著的经济效益和社会效益，其建设和发展一直是党和国家关注的重点内容。因此水电站的经济运行十分关键。

水电站的经济运行是一种从电力系统安全、优质、经济发供电的目标出发，制定水电站的最优运行方式，以一定的水能资源获取水电站最大发电量。既是发挥设备潜力、充分利用水能的一项增产措施，又是减少能量消耗的一项节能措施。因而所考虑的因素很多，涉及面广，计算工作量较大。在经济运行方式的实施中，调节和操作控制亦较为频繁，而且，对于经济运行方式计算和调节控制的实时性、准确度要求很高。因此水电站必须实现经济运行方式的计算和实施自动化。

本书整体架构清晰，逻辑顺畅，条理分明，语言朴实而严谨。笔者在撰写本书的过程中，参考了很多专家与学者的研究成果，在此对他们表示衷心的感谢。由于笔者学识有限，书中难免存在错误和疏漏之处，恳请广大读者批评指正。

目录

第一章　水电站的基本型式及其组成建筑物

第一节　水力发电的基本原理

一、水力发电的基本原理

河道中的水流在地心吸力的作用下，由高处向低处运动，从而将水流的势能转变为动能，这样水流就具有做功的能力，其高差越大，流量越多，做功的能力就越大。[①] 如图1－1所示，在河道上取任意L(m)长的河段，其上断面为1－1断面，下断面为2－2断面，河道的坡降为i，其间水面降落的垂直高度（通常称为落差或水头）为H_{1-2}(m)。设在T(s)时段内有$\overline{W}$(m^3)的水量通过断面，则水体$\overline{W}$所具有的能量E_{1-2}为

$$E_{1-2}=\gamma\overline{W}H_{1-2}(N\cdot m)$$

式中，γ为水的重度，$\gamma=9810N/m^3$

单位时间内所做的功称为功率，在水力发电工程中通常称为出力，用N表示，则该河段的平均出力N_{1-2}为

$$N_{1-2}=\gamma\left(\frac{\overline{W}}{T}\right)H_{1-2}=\gamma QH_{1-2}(N\cdot m/s)$$

式中，$Q=\dfrac{\overline{W}}{T}$表示时段T(s)内的平均流量，其单位为$m^3/s$。出力N通常以kW(1W＝1J/s＝1N·m/s)表示，则

---

① 韩菊红，卢娜. 水电站[M]. 郑州：黄河水利出版社，2020.

$$N_{1-2}=9.87QH_{1-2}(kW)$$

相应的发电量(以 kW·h 表示)为

$$E_{1-2}=9.81QH_{1-2}(\frac{T}{3600})=0.0027\overline{W}H_{1-2}(kW \cdot h)$$

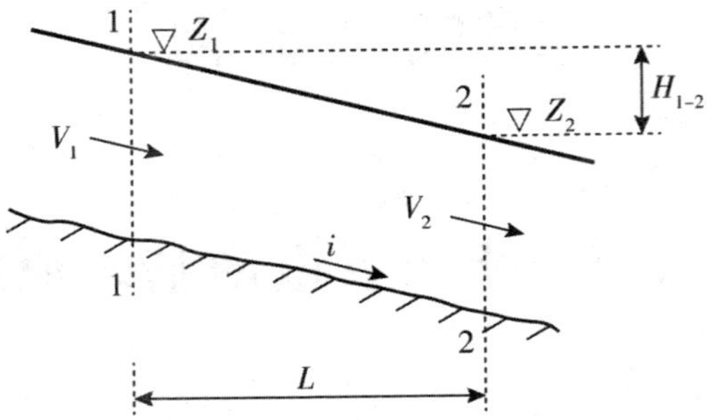

图 1—1　河段水能示意图

这种水流能量在未被利用以前，主要分散地消耗在水流对河床的淘刷、挟带泥沙和相互的撞击上。若应用筑坝集中落差并形成水库，通过引水建筑物和水轮发电机组引水发电，则水电站的出力与电能在考虑到引水道的水头损失和水轮机、发电机的效率后可依下面两式计算为

$$N=9.81QH\eta(kW)$$

$$E=0.0027\overline{W}H\eta(kW \cdot h)$$

式中，H 为水电站的工作水头，它等于水电站的毛水头 H_m(水电站上、下游水位之差)减去引水系统的水头损失 h_w，$H=H_m-h_w$；η 为水轮发电机组的效率，它等于水轮机效率 η_f 的乘积，即 $\eta=\eta_r\eta_f$。对大中型机组 $\eta_r=0.85\sim0.90$，$\eta_f=0.95\sim0.98$；对小型间接传动(用皮带或齿轮传动)的机组，尚应考虑传动效率。

在初步估算出力时可应用简化公式为

$$N=KQH\ (kW)$$

一般，大型水电站可选用系数 K=8.0～8.5，中型水电站 K=7.0～7.5，小型水电站 K=6.0～6.5。

二、河流水能资源蕴藏量的估算

要进行一条河流水能资源的评价和开发利用，就必须首先勘测和估算河流天然蕴蓄的水能资源，估算时通常根据多年平均流量值计算而且也不考虑径流调节的情况。

第二节　水电站的基本类型

一、水电站的基本形式

根据河道地形、地质、水文等条件的不同，水电站集中落差、调节流量、引水发电的情况也不同。按照集中落差的方式，水电站的基本形式可分为坝式水电站，引水式水电站和混合式水电站。

(一)坝式水电站

坝式水电站的特点是在河道上修建拦河大坝抬高上游水位以集中落差，并形成水库调节流量，这种形式的水电站大都修建在流量大、坡降较小的山谷河段上。坝式水电站按照集中落差的大小和建筑物布置的特点又可分为坝后式水电站和河床式水电站两种。

1. 坝后式水电站

坝后式水电站是因将厂房布置在紧靠大坝下游而得名，这种布置型式可使建筑物紧凑、工程量省、施工和运行管理方便。

2. 河床式水电站

在河道的中、下游，河道坡降比较平缓，河床也比较开阔，在这些河段上用低坝开发的水电站，往往由于水头较低，通常将水电站厂房布置在河床中，作为坝的一部分，也起挡水作用，这种形式的水电站称为河床式水电站。

河床式水电站虽然应用水头不高，而引用流量却往往很大，因而水电站依然会有很大的工作出力。如长江，经三峡自南津关流出后，江面骤然开阔，由原来的 300m 展宽为约 2000m，下行 3km 处被两个天然的小岛(葛洲坝和西坝)分割成大江、二江和三江，举世闻名的葛洲坝水电站就建在这里。

(二)引水式水电站

一般在山区河道上修建水电站时，由于河道坡度陡峻，水流湍急，有些地方还可能有较大的跌水和河湾，于是往往经济地筑一低坝取水，采用人工修建的引水建筑物(如明渠、隧洞、管道等)引水以集中落差发电，因此这种水电站称为引水式水电站。按引水建筑物中水的流态不同，引水式水电站又可分为无压引水式水电站和有压引水式水电站。

1. 无压引水式水电站

采用无压引水建筑物，用明流的方式引水以集中落差的水电站称为无压引水式水电站。

2. 有压引水式水电站

若在水闸(或低坝)壅水之后，采用有压引水建筑物(如压力隧洞、压力水管)来集中落差时，这种水电站称为有压引水式水电站，当压力引水道很长时，为了减小其中的水击压力和改善机组运行条件，还需在靠近厂房处修建调压室。这种形式的水电站可以集中很高的落差，如我国跨流域开发的云南以礼河第三级盐水沟(最大水头 620m，装机容量 14.4 万 kW)和第四级小江(628m，14.4 万 kW)水电站，它们都是从上一级电站的尾水取水，水头全部靠压力引水道取得。

(三)混合式水电站

当水电站应用的水头是由筑坝和修建压力引水道共同形成时，这种水电站称为混合式水电站。若河段的上游地势平坦宜于筑高坝形成大库、下游坡度较陡或有较大的河湾又宜于采用压力引水道集中落差时，把坝式水电站和引水式水电站的特点结合起来修建混合式电站，取得更高的落差，是很经济的。

目前，我国一些大的电力系统中已经建成和正在兴建一批大中型抽水蓄能电站。抽水蓄能电站是水能利用的另一种形式水电站。

抽水蓄能电站根据利用水量的情况可分为两大类：一类是纯抽水蓄能电站，它是利用一定的水量在上、下库之间循环进行抽水和发电；另一类是混合式抽水蓄能电站，它修建在河道上，上游水库有天然来水，电站厂房内装有水泵水轮机组和常规的水轮发电机组，既可进行水流的能量转换，又能进行径流发电，可以调节发电和抽水的比例以增加发电量。

二、水电站的组成建筑物

水电站的建筑物是由一般的水工建筑物（如挡水、泄水和通航建筑物）和特有的水电站建筑物组成。在大中型水电站上，其特有的建筑物通常有：进水建筑物（无压和有压进水口）、引水建筑物（明渠，压力水管，坝内钢管和隧洞式钢管等）、平水建筑物（压力前池和调压室）和厂区建筑物（主厂房、副厂房、变电站、开关站、交通道和尾水渠）。

由于各水电站所处的地形、地质、水文、气象等条件的不同，而且集中落差的方式和装机的规模也不同，所以这些建筑物的布置和形式也是多种多样的，因此在规划、设计和施工中必须因地制宜，灵活运用和发展水电建设的技术知识，更好地为我国水电事业服务。

第三节　水电站的主要参数

一、水库特征水位及相应的库容

由于天然来水流量的不均匀和水电站引用流量及综合用水量的经常变化，水库的水位和应用的库容也是随时变化的，一般用其特征值来表示这种变化的特性。[①]

（一）死水位与死库容

死水位是指水库在正常运用情况下，允许的最低消落水位，在此水位以下的容积称为死库容，一般死库容中的水量是不利用的。

（二）正常蓄水位与调节库容

正常蓄水位是指水库在正常运用情况下满足兴利所必须的最高水

① 姬晋廷，张贤斌. 小型水电站[M]. 南京：河海大学出版社，2017.

位。死水位至正常蓄水位之间的库容称为调节库容(也称为兴利库容或有效库容),根据调节库容占多年平均来水量的百分比(β)值,一般可将水库分为多年调节水库(β≥30%~50%)、年调节水库(3%~5%<β<20%~25%)和日调节水库(β<2%~3%)。

(三)防洪限制水位

防洪限制水位是指在汛期允许的水库最高蓄水位,它通常低于正常蓄水位,是为拦蓄洪水而定的。

(四)防洪高水位与防洪库容

防洪高水位是在满足下游防洪标准时,水库达到的最高水位。防洪限制水位至防洪高水位之间的库容称为防洪库容。

(五)设计洪水位

设计洪水位是指水库从防洪限制水位起拦蓄大坝设计洪水时,所达到的最高水位。

(六)校核洪水位与调洪库容

校核洪水位是指从防洪限制水位起拦蓄大坝校核洪水时,所达到的最高水位。防洪限制水位至校核洪水位之间的库容称为调洪库容。校核洪水位以下的全部库容便是水库的总库容。

二、水电站的特征水头及流量

随着水库的调节和水电站负荷的变化,水电站的水头和流量也是随时变化的,通常也用特征值来表示其变化的特性。

(一)水电站的特征水头

水电站的特征水头包括最大水头 H_{max}、最小水头 H_{min} 和加权平均水头 H_a。H_{max}、H_{min} 可由水能计算求得,加权平均水头 H_a 是水电站上出现次数最多、历时最长的水头,可由下两式确定。

$$H_a = \frac{\sum H_i t_i N_i}{\sum t_i N_i}$$

或

$$H_a=\frac{\sum H_i t_i}{\sum t_i}$$

式中，t_i、N_i 为水头 H_i 出现时相应的持续时间和出力，这可由水能计算的资料得到。

（二）水电站的特征流量

水电站的特征流量包括最大引用流量 Q_{max}、平均引用流量 Q_{av} 和最小引用流量 Q_{min}。这可由水轮机的特性和水电站的工作出力确定。

三、水电站的动能参数

水电站的动能参数是表征水电站的动能规模、运行可靠程度和工程效益的指标。

（一）设计保证率与保证出力

水电站的设计保证率是指水电站正常发电的保证程度，一般用正常发电总时段与计算期总时段比值的百分数来表示。它是根据系统中水电容量的比重、水库调节性能、水电站规模及其在电力系统中的作用等因素而选定的。

保证出力是指水电站相应于设计保证率的枯水时段发电的平均出力。

（二）装机容量

装机容量是指水电站内全部机组额定出力的总和，如丹江口水电站有 6 台机组，每台机组的额定出力（也称为单机容量）为 15 万 kW，则该电站的装机容量为 90 万 kW。

（三）多年平均发电量

多年平均发电量是水电站各年发电量的平均值，计算时先将应用的水文系列分为若干时段（可以是日、旬或月），视水库的调节性能和设计的需要而选定，然后按照天然来水和用水进行水库调节计算和水能计算，得出逐年的发电量，再求其平均值便可得出多年平均发电量。①

（四）水电站装机年利用小时数

将水电站的多年平均发电量除以装机容量便可得出水电站装机年利用小时数。它相当于全部装机满载运行时的多年平均工作小时数，它是反映设备利用程度和检验装机合理性的一个指标。

四、水电站的经济指标

（一）水电站的总投资

水电站的总投资是指水电站在勘测、设计、施工安装过程中所投入资金的总和，它包括水工建筑物、水电站建筑物和机电设备的投资。

同时，还常用单位 kW 的投资和单位电能的投资来表示水电站投资的经济性与合理性。单位 kW 的投资是指平均每 1kW 的装机容量所需要的投资，它可由总投资除以装机容量求得；单位电能的投资是指平均一年中每发 1kW·h 电所需要的投资，它可由总投资除以多年平均发电量求得。

（二）水电站的年运行费用

水电站的年运行费用是指水电站在运行过程中每年所必须付出的各种费用的总和，它包括建筑物和设备每年所提存的折旧费、大修费和经常支出的生产、行政管理费及工资等。

（三）水电站的年效益

水电站的年效益是指水电站每年售电总收入减去年运行费用后所获得的净收益。

---

① 黄悦照，聂刚. 抽水蓄能电站仓储标准化管理实务[M]. 北京：中国电力出版社，2018.

第二章　水电站的进水建筑物

第一节　进水口的功用和设计要求

一、进水口的功用

在水利水电工程中，为发电、工业与民用供水、灌溉、泄洪等目的，要修建进水建筑物，简称进水口。如果主要目的是发电而修建的进水口，称为水电站的进水口。

水电站进水口分为潜没式进水口和开敞式进水口两种。潜没式进水口位于水库水面以下，它可以单独设置，也可以和挡水建筑物结合在一起。潜没式进水口通常在一定的压力水头下工作，适用于从水位变化幅度较大的水库中取水。开敞式进水口的水流具有自由表面，适用于从天然河道或水位变化不大的水库中取水。

水电站进水口的功用是在规定的水位变化幅度内引进发电用水，并可拦截泥沙和污物以保证水质要求。在引水系统或厂房发生事故或需要检修时，关闭闸门，截断水流。某些情况下，可利用闸门的不同开度调节引水流量。

二、进水口的设计要求

进水口的设计应满足以下几点要求。

1. 进水流量的设计必须满足发电及其他用水要求。

2. 水流平顺，水头损失小。

3. 设置闸门或其他节制水流的措施。

4.设置拦污设施，在严寒地区还应采取防冰与排冰措施。

5.在多泥沙的河流上取水，应设置拦沙与冲沙措施。

6.满足水工建筑物一般要求。应有足够的强度、刚度和稳定性，结构简单，造型美观，便于施工、运用与检修。

第二节　潜没式进水口

一、潜没式进水口的主要类型及适用条件

潜没式进水口的类型主要取决于水电站的开发方式、坝型、地形地质等因素。可分为隧洞式、压力墙式、塔式和坝式四种。

(一)隧洞式进水口

隧洞式进水口的闸门安置在从山岩中开挖出的竖井(闸门井)中。进水口由进口段、闸门段和渐变段三部分组成，其后接压力隧洞。

这种类型的进水口适用于水库岸边地质条件较好，开挖竖井和进口断面均不致引起塌方的情况。由于较充分地利用了岩石的作用，钢筋混凝土工程量较少。

(二)压力墙式进水口

当隧洞进口处的地质条件较差或地形陡峻，不宜扩大断面和开挖竖井时，可采用压力墙式进水口。这种情况下，可将进口段与闸门段均布置在山体之外。

(三)塔式进水口

当山坡平缓、地质条件较差，采用隧洞式或压力墙式进水口会引起过大的挖方时，可采用塔式进水口。对于土石坝之后的电站厂房，也常采用塔式进水口。

塔式进水口分圆形进水口和矩形进水口两种，都具有塔式结构，结构较复杂，施工也较困难，塔身的抗震性能差。圆形进水口的塔身为进水通

道的一部分。

(四)坝式进水口

当水电站压力水管埋设于混凝土坝内，厂房布置于坝后或坝内时，采用与坝体形成整体的坝式进水口。这类进水口的结构布置与坝型直接相关。

二、潜没式进水口的布置

(一)基本资料

布置进水口所需的基本资料与数据有。

1. 水利枢纽的总体布置方案，进水口范围内的地形、地质资料，建筑物等级等。

2. 水文气象条件，上游漂浮物的性质与来量，泥沙淤积情况，河道冰凌情况。

3. 电站的运行水位与引用流量。

4. 引水道的直径、长度和控制方式，水轮机特性。

5. 地震烈度。

(二)潜没式进水口位置与高程的选择

1. 位置选择

进水口位置的选择应同枢纽总体布置一并考虑。应尽量使流向进水口的水流平顺、对称，不产生回流和漩涡。进水口前若有回流区，则漂浮污物将大量聚集，不仅影响进水，而且还会给清污带来困难。为了使水流顺畅地流入进水口，有时可在进水口上游开挖一段引水渠道，以适应水库的来水方向。

2. 高程选择

进水口的高程应低于水电站运行中可能出现的最低水位(死水位)，且引水道顶部应有一定的淹没深度，以保证不产生漏斗状的吸气漩涡。

(三)潜没式进水口轮廓尺寸的确定

进水口的进口段、闸门段、渐变段三部分的轮廓尺寸及形状，主要与拦污栅断面、闸门尺寸和引水道断面有关。应使三部分平顺地连接起来，保证水流不脱壁，结构表面不产生负压和汽穴现象。同时，应尽量减小局部水头损失，保证所需的过水能力。[①]

1. 进口段

进口段为连接拦污栅与闸门段的部分，其断面常为矩形，顺水流方向逐渐缩小。进口段一般为平底，两侧收缩，顶板之纵断面为曲线，目前广泛采用1/4椭圆曲线。椭圆曲线的方程为

$$\frac{x^2}{a^2}+\frac{y^2}{b^2}=1$$

式中，$a=(1.0\sim1.5)D$（D为引水道直径）；$b=\frac{1}{3}D\sim\frac{1}{2}D$。一般情况下$\frac{a}{b}=3\sim4$。当引水流量及流速不大时，顶板曲线也可用圆弧曲线，圆弧半径$R>\frac{D}{2}$。对重要工程应根据模型试验确定进口曲线。

坝式进口段顶板常做成斜面，以便于施工。两侧边墙的轮廓可用椭圆或圆弧等曲线。

进口流速不宜太大，进口断面面积A一般不小于下列公式的计算值

$$A=\frac{A'}{C\cos\theta}$$

式中，A'为引水道断面面积；θ为引水道中心线与水平面之间的夹角；C为收缩系数，一般取$C=0.6\sim0.7$。

进口段的长度应满足结构布置的需要。

2. 闸门段

闸门段一般为矩形断面，其宽度等于或略小于引水道直径；高度等于或略大于引水道直径。闸门段的长度取决于闸门及启闭设备的布置需要，并应考虑引水道检修通道的要求。

---

① 简新平，张红光，董卫. 水电站非恒定流数值计算及程序设计[M]. 北京：科学出版社，2018.

3. 渐变段

渐变段是由闸门段到引水道的过渡段，常由矩形断面过渡到圆形断面。为使过渡中水流不产生涡流现象并尽可能减小水头损失，通常采用矩形断面四个角圆角过渡，圆弧的中心位置和圆半径均按直线规律变化。剖面渐变段长度一般为引水道直径的 1.5～2.0 倍。收缩角一般不超过 10°，以 6°～8°为宜。坝式进水口渐变段的长度，一般取压力水管直径的 1.0～1.5 倍。

三、潜没式进水口的主要设备

(一)拦污栅

在河流及水库中，常有漂木、树枝、树叶、杂草、垃圾、浮冰等漂浮物顺流而下，尤以洪水期为甚。拦污设备的功用在于防止有害污物进入进水口，并不使污物堵塞进水口，影响过水能力。主要的拦污设备是拦污栅。事实表明，我国许多河流在洪水期漂浮污物较多，进口处拦污栅易于堵塞，若清污不及时，就可能使电站被迫减少出力甚至停机，也有将拦污栅压坏的事例。为了减少对拦污栅的压力，有时在远离进水口几十米之外加设一道粗栅或拦污浮排，拦住粗大漂浮物，并将其引向溢流建筑物，宣泄至下游。

1. 拦污栅的作用

河流及水库中常有漂木、树枝、杂草、浮冰等漂浮物顺流而下，在洪水期尤甚。拦污栅的作用是拦截这些污物，防止进入进水口，以保证闸门和机组的正常运行。

2. 拦污栅的结构布置

拦污栅的布置决定于进水口的类型，电站引用流量的大小，水库水位变化幅度，被拦截污物的情况和清污方法等。拦污栅在平面上可布置成直线和半圆形(或多边形)两种形式；在立面上可布置成垂直的或倾斜的。

对于隧洞式和压力墙式进水口，拦污栅在平面上常布置成直线；在立面上多布置为倾斜的，倾角一般为 60°～70°。对于塔式和坝式进水口，拦污栅在平面上可布置成直线或多边形；立面上常为垂直布置。如果机组引用流量较大，常可将各个进口的拦污栅连成一直线形整体，不再分隔，这样可充分利用进水口前的空间。在部分栅面被污物堵塞时，仍可通过邻近的栅面进水。

拦污栅应有足够的过水断面积，从而保证过栅流速不超过 1.0～1.2m/s，否则将加大水头损失和清理污物的困难。过栅流速系指扣除拦污栅支承立柱、横梁和栅条等阻水面积后计算的流速。拦污栅的水头损失和过栅流速与栅条形状有关。

3. 拦污栅的清污与防冻

进水口前的污物拦截和拦污栅的清污问题，直接关系到电站的正常运行，应予足够重视。国内不少水电站因拦污和清污问题处理不善而严重影响了电站的正常运行。

拦污栅的清污方式分人工清污和机械清污两种：人工清污是用齿耙扒掉拦污栅面上的污物，一般适用于小型水电站浅水(栅前水深一般不超过 4m)、倾斜布置的拦污栅；大中型电站常用清污机械清污。

在北方严寒地区要防止拦污栅冰冻。防冻方法一般有两种：①电热法，即通过电压为 50V 以下电流，使栅条发热解冻；②将压缩空气通到拦污栅上游面的底部，从均匀布置的喷嘴中喷出，形成自下而上的渗气水流，下层温水上升至水面，防止拦污栅前后小范围内结冰。

在漂浮物较多的河流上，进水口前应设置拦漂设施，将漂浮物引向溢流部位，泄至下游。为使清污时电站不致停机，可设前后两道拦污栅，一道吊出清污时，另一道可以拦污。

4. 拦污栅及其支承结构的强度计算

拦污栅由一块或数块栅片组成，置于栅槽中。栅条净间距 b 取决于水轮机类型及尺寸。对于轴流式水轮机，$b \approx D_1/20$；混流式水轮机，$b \approx D_1/30$；冲击式水轮机，$b = d/5$。式中，D_1 为转轮直径，d 为喷嘴直径。

作用在拦污栅及其支承结构上的荷载有水压力、漂木或浮冰的冲击力、清污机压力及自重等。在正常情况下，水压力按拦污栅被部分堵塞考虑，一般以 4～5m 的均匀水压力计。栅条按支承在上下边框上的简支梁计算，若栅条支承在几个横隔梁上，则按连续梁考虑。拦污栅的支承结构，视结构的具体情况和受力条件，选择合理的方法进行计算。

(二)闸门及启闭设备

在进水口的闸门段，一般应设置工作闸门和检修闸门。工作闸门的作用是当引水道或机组发生事故时，能迅速(2～3min)在动水中关闭，切断水流，故又称事故闸门。为了减小启门力并避免闸门在开启的瞬间高速水流冲入引水道而引起振动，一般工作闸门在开启前先打开充水阀向引水道充水，待闸门上下游水压基本平衡后，再开启闸门。鉴于压力水管末端阀门及水轮机导水机构漏水，很难保证工作闸门上下游完全平压，在设计中应考虑闸门能在一定的水压差(例如 3～5m 水头)下开启。为了启闭工作闸门，通常进水口每孔设一套固定式卷扬机或油压启闭机，以便随时操作闸门。

检修闸门的作用是当需要检修工作闸门及门槽时，关闭堵水。可几孔合用一扇闸门和一套移动式启闭设备。

闸门的形式应经过技术经济比较确定，一般常采用平板闸门。平板闸门占空间小，布置方便。小型电站的检修闸门可采用叠梁闸门。周边进水的塔式进水口多采用圆筒闸门。

(三)通气孔及充水阀

在引水道充水或放空过程中，工作闸门后需要排气或补气，否则会在引水道中产生有害的局部真空，并导致引水道的剧烈振动。为此，必须在紧接工作闸门的后面设置通气孔。当闸门为前止水时，可以利用启闭工作闸门的竖井排气或补气，无须设置专门的通气孔。通气孔的布置原则是以下几点。

1. 通气孔顶端应高于上游最高水位。通气孔的布置应与启闭室分开，外口应设置防护罩，并应防止冬季结冰。坝式进水口在布置通气孔时，应防止孔口溢流而影响坝后电站电气设备的正常运行。

2. 通气孔的内口应尽量靠近工作闸门下游面的引水道顶部，以便在任何情况下均能充分通气,减少负压。

3.通气孔体形应平顺,避免突变,在必须转弯的部位,应具有较大的转弯半径,以减小气流阻力。

关于通气孔面积的选择,国内外尚无统一的计算公式,根据我国一些水电站进水口通气孔的原型观测与运行情况来看,通气孔的面积不宜小于引水道断面积的5%。[①] 充水阀是开启闸门之前先向引水道充水的设备。其布置方式一般有两种:一种是装置于旁通管上。另一种是直接安装在平板闸门上,利用吊杆启闭。开启时先将吊杆提升一段小的距离,打开充水阀,此时闸门本体不动,待充水完毕后,再继续提升吊杆开启闸门本体。关闭闸门时,吊杆下压可关闭充水阀。

第三节　开敞式进水口

开敞式进水口也称无压进水口,一般适用于无压引水式电站。开敞式进水口分为有坝进水口和无坝进水口两种。由于无坝进水口只能引用河道流量的一部分,不能充分利用河流资源,故较少采用。

一、开敞式进水口的位置选择

开敞进水口多为低坝引水,上游没有大的水库,洪水期河道中流量流速较大,水流挟带大量泥沙与各种漂浮物直至进水口前。因此,拦沙、排沙和拦截漂浮物的问题,较潜设式进水口更为突出。考虑到上述情况,开敞式进水口位置应选择比较稳定的河段,并布置在河道的凹岸。由于横向环流的作用,凹岸不会形成回流,泥沙、漂浮物不易堆积,且表层清水是流向凹岸的。这样可以减少进入进水口的泥沙,还可以利用进水口前的主流,将拦污栅前的漂浮物冲向下游。

当无合适的稳定河段可以利用时,可采取工程措施造成人工弯道。

① 郝元麟,余挺.水电站气垫式调压室设计[M].北京:中国水利水电出版社,2017.

在布置上也可采取一些减沙排污的工程措施。

二、开敞式进水口的组成建筑物及其布置

有坝开敞式进水口的组成建筑物一般有拦河低坝(或拦河闸)、进水闸、冲沙闸及沉沙池等。这些组成建筑物的总体布置形式多样。

进水闸与冲沙闸的相对位置应以“正面进水,侧面排沙”的原则进行布置。应根据自然条件和引水流量的大小确定最佳引水角度,条件许可时应尽量减小引水角度。

冲沙闸与溢流坝之间常设分水墙,以形成冲沙槽。此外,也可设置冲沙廊道,排除进口前的淤沙。冲沙廊道中的流速一般应达到 4～6m/s。

进水闸的底坎高程应高于冲沙闸和冲沙廊道进口的底面高程,其高差一般不宜小于1.0m,这样可防止底沙进入引水道。另外还可以设置拦沙坎,在非洪水期,引水系数较大而河道推移质较多的情况下,防止底沙进入引水道。拦沙坎高度约为冲沙槽设计水深的 1/4～1/3,最好不小于1.0～1.5m。

为了防止悬移质泥沙淤积引水渠道,降低渠道的过水能力,并将磨损水轮机转轮及导叶等过流部件,常设置沉沙池。沉沙池具有较大的过水断面和一定的长度,以减小水流的流速,并使有害泥沙沉淀在池内。沉沙池的过水断面积取决于池中所要求的平均流速,一般为 0.25～0.7m/s,视有害泥沙的粒径(一般大于 0.25mm)而定。沉沙池应有需要的长度,长度不足,则有害泥沙尚未沉淀即已流出沉沙池;过长则造成工程上的浪费,通常沉沙池的长度通过专门的计算和模型试验确定。

沉沙池中所沉积的泥沙应予排除。其排沙方式可分为连续冲沙和定期冲沙。定期冲沙的沉沙池,为了在定期冲沙时,不停止发电,可采用多室式沉沙池,各室轮流冲沙。

冲沙时多采用射流,即先关闭沉沙池进口闸门,用冲沙廊道将池水放空,然后再稍开进口闸门,利用闸底形成的射流将泥沙冲走。

第三章 水电站引水建筑物

第一节 动力渠道

一、动力渠道的类型及水力特性

水电站的无压引水渠道称为动力渠道，它位于无压进水口或沉砂池之后。根据动力渠道的水力特性，可分为自动调节渠道和非自动调节渠道两种类型。

(一)自动调节渠道

自动调节渠道，其主要特点是渠顶高程沿渠道全长不变，且高出渠内可能的最高水位；渠底按一定坡度逐渐降低，断面也逐渐加大；在渠末压力前池处不设泄水建筑物。依动力渠道的运行要求，当渠道通过设计流量时，水流为恒定均匀流，水面线平行于渠底，水深为正常水深 h_0；当水电站出力减小，水轮机引用流量小于渠道设计流量时，水流为恒定非均匀流，水面形成壅水曲线，引用流量愈小，渠末水深愈大；当水电站停止工作，引用流量为零时，渠末水位将与渠首水位齐平，渠道堤顶应高于渠内最高水位，避免发生漫顶溢流现象。

自动调节渠道无溢流水量损失。渠道最低水位与最高水位之间的容积可用以调节水量，当电站引用流量发生变化时，可由渠内水深和水面比降的相应变化来自动调节，不必运用渠首闸门的开度来控制，故称自动调节渠道。在引用流量较小时，渠末能保持较高的水位，因而可获得较高的水头。由于渠道顶部高程沿渠线相等，故工程量较大。只有在渠线较短，地面纵坡较小时，采用此种类型的渠道才可能是经济合理的。[①]

（二）非自动调节渠道

非自动调节渠道，其主要特点是渠顶沿渠道长度有一定的坡度，其坡度一般与渠底坡度相同。在渠末压力前池处（或压力前池附近）设有泄水建筑物，一般为溢流堰或虹吸式溢水道，用来控制渠道水位的升高和宣泄水量。当渠道通过设计流量时，水流为恒定均匀流，渠内水深为正常水深 h_0，渠末水位略低于溢流堰顶；当水电站出力减小，引用流量小于设计流量时，渠末水位升高，超过溢流堰顶后，多余水量将通过溢流堰泄向下游；当引用流量为零时，全部流量均经溢流堰泄向下游。渠道末端的顶部高程应高于全部流量下泄时的渠末水位。为了减少无益弃水，应根据电站负荷的变化，运用渠首闸门的开度调节入渠流量。这种类型的渠道有弃水损失，引用流量较小时渠末水位较自动调节渠道的水位低，但渠道工程量较小，对于渠道线路较长的电站或电站停止运行后仍需向下游供水时，广泛采用非自动调节渠道。

二、动力渠道路线选择

渠道的选线是根据确定的引水高程和水电站厂房位置，选择一条从进水口至压力前池的渠道中心线。选线一般应遵循以下几点原则。

1. 渠线应尽量短。

2. 渠道大致沿等高线布置，以期减小工程量。根据需要可修建渠系建筑物（无压隧洞、渡槽、倒虹吸等）。在渠末应有较陡峻的倾斜地形，以利于集中落差和布置压力水管。

3. 渠线应选择在地质较好的地段。需转弯时，其转弯半径不小于5倍渠道设计水面宽度。

① 李家坤.农村水电站输变电与供电安全[M].南京：河海大学出版社，2017.

三、动力渠道的断面形式和护面类型

(一)渠道的断面形式

由于动力渠道沿线的地形和地质条件不同,渠道的断面形式也有所不同。盘山修建的渠道多采用窄深式的矩形断面,在土基上一般采用梯形断面。另外,渠道按其建筑条件又可分为挖方渠道和半挖半填渠道。

渠道断面的高度等于最大水深加安全超高。渠道边坡可根据土质条件和开挖深度或填筑高度确定。

(二)渠道护面

在渠道的表面用各种材料做成的保护层叫作渠道护面。护面的作用是:①减少渠道的渗漏损失,加强渠道的稳定性;②减小渠道的糙率,从而降低水头损失;③防止渠中长草和穴居动物对渠道的破坏。

渠道护面的类型根据所用材料不同,有混凝土护面、砌石护面、砾石护面、粘土和灰土护面等。

四、动力渠道水力计算

动力渠道水力计算的基本任务,在于确定渠道横断面尺寸和水电站在不同运行方式下的渠道水头损失、水位、流速。渠道的横断面尺寸决定着渠道的工程量,水头损失则是计算水电站净水头、出力和发电量所必需的。

在水电站的运行过程中,由于负荷的变化,动力渠道中可能出现恒定流和非恒定流两种状态,应分别加以计算。

(一)动力渠道恒定流水力计算

1.均匀流水力计算与渠道断面尺寸的确定

动力渠道的横断面尺寸与底坡应根据恒定均匀流情况下渠道通过设计流量(一般为水电站的最大引用流量)的条件来选定。可知

$$Q=\omega v=\omega C\sqrt{Ri}$$

式中，Q 为渠道设计流量，一般采用水电站最大引用流量 Q_{max}；ω 为渠道过水断面积；R 为水力半径；C 为谢才系数；i 为渠底坡度；V 为渠道内的平均流速。

长度为 L 的渠道，渠底坡 i 愈大，则水头损失亦愈大，从减小水头损失（即减少电能损失）的角度来看，底坡应减缓；但 i 值愈小，在渠道通过相同流量的情况下，渠道过水断面积必将增大，增加工程量。所以在确定动力渠道的断面尺寸和底坡时，应进行经济比较：选择若干个断面尺寸和底坡的方案，计算各个方案的一次投资和正常运行期的年运行费（不考虑折旧费），然后折算到某一基准年。选择计算期内（一般为渠道运行期＋施工期）总费用最小的方案即为最佳方案。应指出：在计算各方案的一次投资和运行费时，电能损失必须由替代电站发出，相应的替代电站投资和运行费应一并计入费用。

一般在中、小型渠道设计中，可不进行较复杂的经济比较，而按经济流速来确定渠道的断面尺寸和底坡。山区河流落差大，渠底坡度可采用 1/1000～1/3000；平原地区河流平缓，渠底坡度可采用 1/3000～1/5000。渠道的经济流速一般为 1.5～2.0m/s。

在渠道设计时应首先确定渠首水位。渠首水位应是外河引水位（闸前水位）减去过闸水头损失。根据渠首所在河道断面的水位变化规律可定出最高引水位、最低引水位和设计引水位。最高引水位是按某一防洪标准推算出的相应洪水位。最低引水位是在电站运行期间可能出现的低水位。设计引水位是保证水电站正常工作所需设计流量进入渠道的外河水位。对于无坝引水，设计引水位为相应于水电站设计保证率的外河水位；对于有坝引水，设计引水位为进水闸全开时能引进设计流量的最低水位。

还应指出：在进行渠道水力计算中，要注意在选择糙率系数时应留有余地，要考虑到在未来运行中糙率系数增大的可能性。

2. 恒定非均匀流水力计算

在确定了动力渠道的断面尺寸和底坡之后，当渠道中通过任一流量

Q时，在均匀流情况下，渠首水深 h_1 和渠末水深 h_2 均为正常水深 h_0，即 $h_1=h_2=h_0$。通过均匀流计算，可求得 $h_0\sim Q$ 关系曲线。也可通过水力计算求得渠末断面临界水深 h_k 与渠道流量的关系曲线 $h_k\sim Q$。

对于自动调节渠道，当引用流量小于渠道设计流量Q设时，渠道内的流态多为恒定非均匀流。渠道以 a_1 型壅水曲线工作。在渠首水位一定的情况下，不同的流量对应着不同的渠末水深 h_2，可绘制出 $h_2\sim Q$ 曲线。

对非自动调节渠道，当电站引用流量小于渠道通过流量时，将发生无益弃水。为了减少弃水，可调节渠首闸门开度，使得渠末既有较高的水位，又不发生弃水。若由溢流堰顶引一水平线与渠首闸门各不同开度相应的 $h_2\sim Q$ 曲线相交若干点，则交点之横坐标就是不同闸门开度的最佳引用流量。或者在已知电站引用流量时，可以求得渠首闸门的最佳开度。

（二）非恒定流水力计算

1. 非恒定流的水力现象

当水电站的负荷突然变化时，通过渠道的流量、流速、水位也随时间发生急剧地变化，从而在渠道中引起非恒定流的水流现象。[①]

无压引水式电站在具有较长动力渠道的情况下，大都为非自动调节渠道，即在渠末均设有泄水建筑物。现就非自动调节渠道中的非恒定流现象做一般介绍。假定水电站在负荷变化前处于满负荷运行工作状态，以 Q_0、v_0、h_0 分别表示此时渠道的流量、平均流速和正常水深。当电站突然丢弃全部负荷后，渠末与压力水管进口处的水流停止流动，但渠道中的水流在惯性的作用下，仍以流速$_0$ 流向渠末，使渠末水位骤然升高，形成逆水流方向涨波（称为逆涨波）。逆涨波波高为 Δh_2，波速为 C_2，向渠首方向传播，所到之处渠水位升高，当波传至渠首时，波高为 Δh_1，波速为 C_1。由于渠首与大河或水库连接，河水位可认为不变，使波发生反射，逆涨波反射成为顺水流方向传播的顺落波，顺落波传向渠末，所到之处渠道中水

① 李匡.梯级水电站洪水预报调度系统[M].北京：中国水利水电出版社，2020.

位回降，但波未到之处，渠道中水位继续上升，渠末最大水深发生于顺落波到达渠末之前的一瞬间。

当水电站在部分负荷工作状态时突然增加负荷后，由于电站引用流量突然加大，而渠道中的流量来不及补充，致使渠末水位急剧降低，形成逆落坡向渠首传播，波高仍记为 Δh_2，波速仍记为 C_2，逆落坡所到之处渠水位降低，当波传至渠首时，波高仍记为 Δh_1，波速仍记为 C_1。如前所述，逆落坡在渠首处反射成顺涨坡向渠末传播，所到之处渠道中水位回升，但未到之处渠道中水位继续下降。渠末最低水位发生于顺涨波到达渠末之前的一瞬间。

综合上述，在水电站突然丢弃全部负荷后，对于被广泛采用的非自动调节渠道，渠末水位的上升受到溢流堰的限制，问题不太突出，但当水电站突然增加负荷后，渠末水位的降低应当引起特别注意，因为渠末最低水位是确定渠末压力前池底板高程的依据，直接影响到压力前池的工程量。

2. 渠末(压力前池)最低水位的近似计算

非自动调节渠道渠末最低水位的计算，应根据运行中可能出现的最不利情况进行。一般可选取渠首为设计水位，渠末水位与溢流堰齐平(不泄流)，电站(n－1)台机组均满发而最后一台机组突然带上满负荷的情况作为计算的起始条件。

当电站突然增加最后一台机组满负荷运行时，由于电站引用流量的突然增加，渠末将立即产生一个落波高度 Δh_{20} 称为第一次落波)，之后，渠末水位将继续下降，但下降的速度减慢。为简单起见，设渠道为矩形断面。根据明渠非恒定流的理论，渠末第一次落波高度 Δh_2 和渠末的波速 C_2 可按下列近似公式联立求解。

$$C_2=\sqrt{gh_{20}\left(1-\frac{3\Delta h_2}{2h_{20}}\right)}-v_{20}$$

$$\Delta Q_2=Q_{max}-Q_0=BC_2\Delta h_2$$

上两式中，h_{10}、Q_0、h_{20} 分别表示起始时刻渠末的流速、流量和水深；Q_{max} 为电站满负荷运行时的流量；B 为起始时刻渠道宽度；g 为重力加速度。

联解上两式可求出 Δh_2 和 C_2。

逆落波传至渠首时，波高为 Δh_1，先假设一个 Δh_1 的具体数值，代入下式可求得渠首的波速 C_1。

$$C_1=\sqrt{gh_{10}(1-\frac{3\Delta h_1}{2h_{10}})}-v_{10}$$

式中，h_{10}、V_{10} 分别表示起始时刻渠首的水深和流速。

逆落波由渠末传至渠首的历时 T 为

$$T=2L/(C_1+C_2)$$

式中，L 为渠道的长度。

在 T 时段内由渠末流出的水量为 $Q_{max}T$，由渠首流入的水量为 Q_0T，渠道中亏损的水量为 $W=(Q_{max}-Q_0)T=\Delta Q_2T$。设逆落波传至渠首的瞬间渠末的水位下降为 Δh_{2r}，则 W 可按水位下降的幅度和渠道的几何形状求得，即 $W=[BL(\Delta h_1+\Delta h_{2T})]/2$，于是可解得

$$\Delta h_{2T}=\frac{2W}{BL}-\Delta h_1=\frac{4(Q_{max}-Q_0)}{B(C_1+C_2)}-\Delta h_1$$

T 时刻末，渠道中水面的平均坡降 I 为

$$I=(\Delta h_{2r}+\Delta_0-\Delta h_1)/L$$

式中，Δ_0 为起始时刻渠首与渠末的水位差。

逆落波传至渠首后的瞬间，由渠首进入渠道的流量为 $Q_0+\Delta Q_1$，其中 ΔQ_1 为渠首流量的改变量。渠末流出的流量仍为 $Q_{max}=Q_0+\Delta Q_2$，则渠道中的平均流量 Q_c 为

$$Q_C=(Q_0+\Delta Q_1+Q_0+\Delta Q_2)/2$$

$$\Delta Q_1=2Q_c-2Q_0-\Delta Q_2$$

近似认为 Q_c 与平均坡降 I 相对应，即当渠道中通过流量 Q_c 时，渠道中的水面坡降为 I。取中间断面 C—C，则当逆落波传至渠首后的瞬间，中间断面 C—C 的水深 h_c 为

$$H_c=h_{c0}-(\Delta h_1+\Delta h_{2r})/2$$

式中，h_{c0} 为起始时刻断面 C—C 处的水深。

根据水力学中流量公式，则

$$Q_C = \omega_c C_c \sqrt{R_c I} = K_c \sqrt{I}$$

式中，ω_c、C_c、R_c 为中间断面 C—C 在水深等于 h_c 时的过水断面积、谢才系数和水力半径。

将上式代入 ΔQ_1 得

$$\Delta Q_1 = 2K_c\sqrt{I} - 2Q_C - \Delta Q_2$$

由上式计算出的 ΔQ_1 值必须符合公式

$$\Delta Q_1 = BC_1 \Delta h_1$$

当逆落波传至渠首后，反射成为向渠末传播的顺涨波。近似认为顺涨波由渠首传至渠末的时间仍为 T，则渠末水位下降的最大深度 $\Delta h'_2$ 为

$$\Delta h'_2 = \Delta h_{2r} + UT$$

上式中，U 为在渠末第一次落波后，渠道水位下降的速度，根据理论和实验证明 U 基本上为一常数，即 $U=(\Delta h_{2r} - \Delta h_2)/T$。于是可得

$$\Delta h'_2 = \Delta h'_{2T} + UT = \Delta h_{2r} + \Delta h_{2T} - \Delta h_2 = 2\Delta h_{2T} - \Delta h_2$$

渠末(压力前池)的最低水位 ∇_{min} 为

$$\nabla_{min} = \nabla_0 - \Delta h'_2$$

式中，∇_0 为起始时刻渠末水位。

第二节　压力前池

压力前池是无压引水道与压力水管之间的平水建筑物。它设置在引水渠道或无压引水隧洞的末端。

一、压力前池的功用和主要组成部分

(一)压力前池的功用

1. 将渠道来水分配给各条压力水管，并设置闸门控制进入压力水管的流量。

2. 拦截渠道中的漂浮物和有害泥沙,防止其进入压力水管。在严寒地区压力前池中还设有排冰道,以防止冰凌的危害。

3. 当压力前池设有泄水建筑物时,可宣泄多余水量,限制水位升高。当下游有其他用水要求时,在电站停止运行的情况下,可通过泄水建筑物向下游供水。

4. 压力前池有一定容积,当电站负荷发生变化时,可暂时补充水量不足或容纳多余水量。

(二)压力前池的主要组成部分

主要组成部分包括:前室、进水室、泄水建筑物、冲沙孔和排冰道等。

二、压力前池的位置选择和布置形式

压力前池的位置选择,应根据地形地质条件和运用要求(水头损失小,排污、排沙、排冰和泄水方便等),并结合渠道、压力水管、厂房等建筑物的相互位置综合考虑确定。压力前池的位置通常布置在较陡山坡的顶部,故应特别注意地基的稳定和渗漏问题。压力前池一旦失事,将直接危及厂房,过去曾多次因发生压力前池失事而造成巨大损失的事例。为此,应尽可能将压力前池布置在地质情况较好的挖方中。

三、压力前池各组成部分的构造和尺寸

(一)前室

前室是引水渠道末端与进水室之间的扩大加深部分。其主要作用是将渠道断面过渡至进水室所需要的宽度和深度。前室应有一定的容积和水深,满足沉沙的要求。前室在平面上以 $\beta=10°\sim15°$ 的扩散角逐渐加宽,在立面上以 1∶3～1∶5 的坡度向下延伸,直至所需要的宽度和深度。为了便于沉沙、排沙,防止有害泥沙进入进水室,前室末端底板高程应低于进水室底板高程 0.5m 以上,当水中含沙量较大时,宜适当加大此高差。

为了缩短前室渐变段长度,可在前室进口端设置分流墩。若分流墩

的夹角为 y，则前室的扩散角可加大至 $\beta+\gamma$。

当渠线与管线不一致时，为了避免在前室中产生涡流，造成过大的水头损失和局部淤积，应采用平缓的连接曲线和加设导流墙。

前室宽度 B 约为进水室宽度 B进的 1.0～1.5 倍，其长度 L=(2.5～3.0)B。

(二)进水室

进水室是压力前池的最主要组成部分，上游与前室相接，下游为埋设压力水管进口的压力墙。当布置有两根以上的压力水管时，应以隔墩分成若干独立的进水室，每一进水室都设有拦污栅、检修闸门、工作闸门、通气孔、旁通管、工作桥和启闭设备等。这样，当一根压力水管或由此压力水管供水的机组发生事故或需要检修时，不致影响其他机组的正常运行。[①]

1. 前室和进水室中特征水位的确定

(1)前室的正常水位$\nabla_{最高}$可近似地认为等于渠道通过电站最大引用流量 Q_{max} 时的渠末正常水位。

(2)前室的最高水位$\nabla_{最高}$，对于自动调节渠道，可认为与渠首最高水位相同，或按水电站突然丢弃全负荷时产生的最大涌波高程计算；对于非自动调节渠道，等于溢流堰顶高程加上最大溢流水深。

(3)前室最低水位$\nabla_{最低}=\nabla_0-\Delta h'_2$。对于非自动调节渠道$\nabla_0$可取溢流堰顶高程；对于自动调节渠道$\nabla_0$为发生非恒定流之前的渠末水位。

(4)进水室的正常水位$\nabla_{进}$为前室正常水位减去各种水头损失，即

$$\nabla_{进}=\nabla_{正常}-(\Delta h_{进}+\Delta h_{门槽}+\Delta h_{栅}+\cdots)$$

式中，$\Delta h_{进}$、$\Delta h_{门槽}$、Δ_h 栅表示进口、闸门槽和拦污栅的水头损失。

(5)进水室的最低水位了进最低，即压力水管进口前的最低水位，可近似地认为等于前室的最低水位。

---

① 李想，尹冬勤，魏加华. 梯级水电站多尺度多目标联合优化调度[M]. 北京：科学出版社，2020.

2. 进水室各部分高程的确定

(1)为了防止压力水管进口前产生漏斗状的吸气漩涡，压力水管顶部应有足够的淹没深度，管顶高程$\nabla_{管顶}=\nabla_{最低}-d_0$，$d_0$计算不得小于0.5m。

(2)当直径为D的压力水管轴线与水平线的倾角为α(α一般不大于45°)时，进水室底板高程

$$\nabla_{进底}=\nabla_{进最低}-d_0-\frac{D}{\cos\alpha}$$

(3)压力前池围墙顶部高程$\nabla_{墙顶}=\nabla_{最高}+\delta$，δ为安全超高。

3. 进水室尺寸拟定

(1)进水室的宽度B进与压力水管的直径、根数以及水电站的最大引用流量Q_{max}有关。每一独立的进水室宽度b进应满足以下条件。

$$b_{进}>\frac{Q_{max}}{v_{进}\ h_{进}}$$

式中，$v_{进}$为过栅流速，一般不超过1.0～1.2m/s；h进为进水室入口处的水深，$h_{进}=\nabla_{正常}-\nabla_{进底}$。

通常采用$b_{进}=(1.5\sim1.8)D$。若压力水管根数为n，隔墩厚度为d，则进水时总宽度为

$$B_{进}=nb_{进}+(n-1)d$$

对于浆砌石隔墩，d=0.8～1.0m；对于混凝土隔墩d=0.5～0.6m。

(2)进水室的长度主要取决于拦污栅、检修闸门、工作闸门、通气孔、工作桥和启闭设备等的布置需要。对于小型电站，进水室的长度，一般取3～5m。

(三)压力墙

压力墙是进水室末端的挡水墙，也是压力水管进口的闸墙，一般用混凝土或浆砌石筑成。常见的构造形式有两种：一种在压力墙中布置有闸门和通气孔，闸门高度较小；另一种压力墙与工作闸门之间有一段距离，为一开敞水井，可作为通气孔，此种形式闸门较高。为了减少水头损失，

常将压力水管进口做成喇叭形。

(四)泄水道

泄水道通常设于渠末或压力前池的边墙上，其形式有溢流堰和虹吸管等。溢流堰顶高程应略高于前室中的正常水位(一般约5cm左右)，以防止电站正常运行时发生溢流现象。溢流堰的布置可为正堰或侧堰，下游布置有泄水陡槽和消能设施。溢流堰的断面形状一般为流线型的实用堰。当前室的最高水位确定后，则所需溢流堰的长度L为

$$L=\frac{Q_{max}}{Mh_{\alpha}^{3/2}}$$

式中，h_{α}为堰顶允许最大溢流深度；M为溢流堰流量系数。

也可以先确定L再求出h_{α}，从而确定前室的最高水位。

(五)冲沙道和排冰道

由渠道中水流挟带的泥沙沉积于前室中，应在前室的最低处设置冲沙廊道。其进口可与管道的进口方向相同，二者分上下层排列。也可布置在前室最低处的一侧。

排冰道用来排除进入压力前池的冰凌，其底槛应位于前室正常水位以下，用叠梁闸门进行控制。

四、压力前池的主要设备

压力前池的主要设备有拦污栅、检修闸门、工作闸门、通气孔、旁通管、启闭设备和清污机等。

(一)拦污栅

拦污栅的构造、作用等与潜没式进水口的拦污栅相同。拦污栅设置在进水室入口处的栅槽中，下端支承于进水室底板，上端支承于防护梁上，防护梁与工作桥相连。拦污栅一般与水平面呈70°～80°倾斜放置。可采用人工清污或机械清污，有时为吊出栅片清污或检修，又不影响电站的正常运行，可采用双层拦污栅。

(二)检修闸门和工作闸门

检修闸门位于工作闸门之前,但可能位于拦污栅之前或之后,供检修拦污栅、工作闸门和进水室时堵水之用,一般为叠梁式或平板式闸门。

工作闸门的作用是当压力水管、水轮机阀门或机组发生事故或检修时,用来关闭压力水管进口。另外,当电站长时间停机时,为了防止水轮机阀门漏水(有时水轮机不设阀门),也常需关闭工作闸门。工作闸门一般采用平面定轮闸门,对于较重要的电站,常作成快速闸门,用电动螺杆或电动卷扬式启闭机操作。

(三)通气孔和旁通管

通气孔应布置在紧靠工作闸门的下游面,其作用和截面面积的确定与潜没式进水口相同。

旁通管布置在进水室的边墙和隔墩内,一般用闸阀控制,旁通管可为铸铁管、钢管或钢筋混凝土管。

(四)启闭机

拦污栅和检修闸门可采用移动式启闭机,工作闸门则应每个进水室采用一台固定启闭机。为了将拦污栅和闸门吊出检修,需设置启闭机架和工作桥。

五、压力前池结构设计的原则

压力前池中的压力墙承受自重、顶部设备重和上游水压力等荷载,应在上游为进水室最高水位的条件下,按挡水坝进行强度和稳定计算。

压力前池的边墙承受自重、设备重、水压力和土压力等荷载,应按挡土墙设计;溢流堰段则按溢流重力坝设计。

工作桥和启闭机架,一般为钢筋混凝土板梁结构和框架结构,承受自重、设备重和活荷载,另外启闭架还承受启闭力和风荷载等,应分别按板梁和框架设计。

进水室底板的构造和受力情况与水闸底板相似。当采用钢筋混凝土结构时，一般按弹性地基上的板进行设计；当采用素混凝土或浆砌石结构时，一般可不作计算，此时板的厚度约为 0.5～1.0m。

必须对压力前池的整体稳定进行核算。作用于压力前池的荷载有自重、设备重、土压力、水压力及渗透水压力等。在土基上，应验算压力前池整体可能沿地基表面或连同部分土体沿某一危险滑弧面滑动时的稳定条件；在岩基或半岩基上，应验算压力前池沿地基表面或连同部分岩体沿某一节理面滑动时的稳定条件。如果不能满足抗滑稳定要求，应采取必要的工程措施。

六、日调节池

对于无压引水式电站，如果在引水渠道沿线有比较合适的地形，应尽可能地修建日调节池。日调节池的修建，使电站具有日调节能力，改善了运行条件，电站可以担任峰荷。

日调节池与压力前池之间的渠道的设计流量，应采用电站引用的最大流量，而渠首至日调节池的渠道则可按较小流量设计，当日调节池足够大时，可取电站的最大日平均引引用流量。这样当日调节池上游的引水渠道较长时，修建日调节池不但可改善电站的运行条件，而且还可能降低水电站的造价。

当水电站的引用流量大于平均流量时，日调节池水位下降；当水电站的引用流量小于平均流量时，日调节池水位上升。修建日调节池后，当电站负荷变化时，压力前池中水位变化幅度较小。日调节池愈靠近压力前池，其作用愈显著。

第三节　水电站的引水隧洞

一、引水隧洞的类型

隧洞是水电站常用的引水建筑物之一。对于无压引水式电站，一般指压力前池以前的隧洞；对于有压引水式电站，一般指调压室以前的隧洞部分。引水隧洞分为无压隧洞和有压隧洞两种基本类型。

（一）无压隧洞

当用明渠引水，渠线盘山过长，工程量很大时，通过方案比较，可采用无压隧洞引水。根据地质条件和施工条件，无压隧洞的断面形状常采用方圆形、马蹄形和高拱形。无压隧洞水面以上的空间一般不小于隧洞断面积的15%，顶部净空高度不小于0.4m。各种断面形状的隧洞，从施工需要考虑，其断面宽度不小于1.5m，高度不低于1.8m。

为了防止隧洞漏水和减小洞壁糙率，并防止岩石风化，无压隧洞大都采用全部或部分衬砌。

（二）有压隧洞

有压隧洞是有压引水式电站最常用的引水建筑物。其断面形状常采用圆形，这是因为隧洞承受较大的均匀内水压力的缘故。圆形断面的内径一般不小于1.8m。有压隧洞的水力计算包括恒定流计算与非恒定流计算两部分，前者是研究隧洞断面、引用流量、水头损失之间的关系，用以选择断面尺寸；后者是为了确定最高和最低内水压力线，作为隧洞衬砌强度计算和洞线高程布置的依据。要避免在隧洞中交替出现无压和有压的水流状态。有压引水隧洞一般采用钢筋混凝土衬砌，衬砌厚度与钢筋配置由计算确定。初估衬砌厚度时，可取洞径的1/12～1/16，但根据施工要求，对于单层布筋断面，厚度不小于0.2m，对于双层布筋断面，厚度一般不小于0.25m。

二、引水隧洞路线的选择

洞线的选择是隧洞工程设计中一个带根本性的问题，它直接关系到隧洞的投资，工程的安全可靠，施工进度的快慢与难易程度。影响洞线选择的因素很多，主要有以下几方面。

（一）地形地质条件的影响

隧洞路线应力求短而直，但应尽量避开破碎软弱的岩层和地下水位很高，水量很大以及可能发生滑坡的地带。隧洞应有足够的埋置深度，一般要求洞身周围的岩层厚度不小于3倍开挖直径。洞线需要转弯时，其转弯半径宜大于5倍洞径。

(二)施工条件的影响

在洞线选择中应考虑便于布置施工支洞(平洞或竖井)。另外应注意避免施工掘进时，因爆破而影响附近建筑物的地基。有压隧洞的坡度常由施工要求确定：有轨运输时坡度小于1%为宜，一般为0.1%～0.5%，以便施工排水和放空隧洞。

(三)枢纽总体布置的影响

选择洞线时，应与大坝、进水口、调压室和厂房等布置统一考虑。有时还应考虑发电洞、导流洞、泄洪洞、灌溉洞互为利用的因素。

三、引水隧洞经济断面的选择

对于引水隧洞，在水电站引用流量已定的情况下，选择的断面尺寸愈大，工程投资愈大，但电能损失较少；选择的断面尺寸愈小，工程投资愈小，但电能损失较大。这就需要通过技术经济分析来确定最经济的断面。

经济分析的原则与前述引水渠道的经济分析相同，一般是先假设几个隧洞断面方案，然后进行经济比较。对于一般中、小型电站，可用经济流速确定隧洞经济断面，有压隧洞的经济流速约为2.5～4.5m/s。

第四章 水电站厂房

第一节 水电站厂房的功用、组成及基本类型

一、水电站厂房的功用

水电站厂房是水电站的重要组成部分，是建筑物及机械、电气设备的综合体，是将水能变为电能的建筑物枢纽，故又称为动力厂房。

水电站厂房的作用是通过一系列工程措施，将水流平顺地引入和引出水轮机，适当地安排机电设备的位置，创造良好的设备安装、检修及运行条件，并给运行人员以良好的工作环境，保证水电站按电力系统的需要生产电能。①

二、水电站厂房的组成及分层

从生产电能、输送电能的角度来看，厂房枢纽（又称厂区）的建筑物通常可分为主厂房、副厂房、主变压器场、高压开关站四大部分。有的电站将主变压器场和高压开关站放在一起叫做升压开关站。厂房的机电设备归纳为以下五个系统。

1. 水流系统即水轮机及其进出水设备，它布置在下部块体结构中，包括钢管、蝴蝶阀、蜗壳、水轮机、尾水管、尾水闸门等。

2. 电流系统即所谓一次回路系统，从水轮发电机组发出电能到将电能输出，它包括发电机、发电机引出线、发电机电压配电设备、主变压器、

---

① 刘幼凡，杨正策．水电站[M]．北京：中国水利水电出版社，2019．

高压开关站及各种电缆、母线等。

3.电气控制设备系统为了保证发电机、变压器、输电线路等的正常工作，设置中央控制室、机旁盘（包括机组自动操作盘、机组继电保护盘、机组测量盘和动力盘等共约3～5块）及各种互感器、表计、继电器、控制电缆、励磁设备、自动及远动装置、调度通讯设备等。

4.机械控制设备系统为了使水轮机设备能正常运行和调节，设置了水轮机的调速设备、蝴蝶阀操作控制设备和其他各种闸阀、拦污栅等操作控制设备。

5.辅助设备系统为了便于水电站的安装、检修、维护、运行，必须设置各种电气及机械辅助设备，如厂用电系统（厂用变压器、厂用配电装置、直流蓄电池室、直流充电设备等），油系统（透平及绝缘油的存放、处理、流通设备），气系统（高低压压气设备、贮气筒、气管等），水系统（技术供水、生活用水、消防供水、渗漏排水、检修排水等），以及各种电气和机械修理室、试验室、工具间、通风采暖设备等。

上述五个系统之间有联系亦有矛盾，必须很好协调，共同发挥作用。

三、水电站厂房的基本类型

按水电站厂房的结构特征，厂房可分为下列几种基本类型。

（一）坝后式厂房

厂房位于坝的下游，紧接坝后，发电用水通过坝式进水口穿过坝体引入厂房，如皎口电站的厂房。若厂房布置在坝体内部则称为坝内式厂房，如我国上犹江水电站的厂房。若厂房顶部溢流则成为坝后溢流式厂房，如我国的新安江水电站。

（二）河床式厂房

厂房位于河床，与坝或闸并排，成为挡水建筑物的一部分。若机组放在闸墩内则成为闸墩式厂房，如我国青铜峡水电站的厂房。

（三）引水式厂房

厂房位于河岸，发电用水由引水建筑物引入。厂房若建在地下，则称地下式厂房，如我国古田溪一级水电站的厂房。按机组主轴装置的方式，水电站厂房可分为竖轴机组厂房，卧轴机组厂房。这两类厂房的设备布置和结构型式区别较大。

厂房的分类方法很多，按不同的方式有不同的分法，如按厂房上部结构的特点可分为露天式及半露天式厂房（我国青铜峡水电站厂房），封闭式厂房；按电站资源性质又可分为河川电站厂房，潮汐电站厂房（如浙江省江厦潮汐电站），抽水蓄能电站厂房（我国潘家口水电站厂房）等。

第二节　水电站的主要电气设备

水电站厂房是利用水能生产电能的工厂，从发出电能到将电能输入电网（系统）所需的电气设备主要有：水轮发电机、发电机电压配电设备、母线、主变压器、高压开关站、高压线等。为了保护这些设备的正常运行和检修，又需要各种表盘、继电器、互感器、电缆等监视控制设备（电气控制设备系统）。①

一、发电机—变压器组

发电机—变压器组接线的方式有两种，分别是单母线单元接线和单母线扩大单元接线。

（一）单元接线

单元接线为一台发电机与一台变压器的组合。升高电压的接线，在发电机和主变压器之间设有隔离开关，是为了便于机组检修和测试工作。

三绕组自耦变压器在将发电机发出的电能升压送至高压系统的同时，还能从中压系统向高压系统输送补充电能，除了这一经济效益外，有时还能得到显著的附加经济效益，即可能减少其它本来要接于高压系统

① 刘丽娟，刘晓林，李福利. 水电站电气设备维护与选型[M]. 长春：吉林科学技术出版社，2020.

的发电机—双绕组变压器单元，而改接于中压系统，因中压系统的开关设备等较高压系统的便宜。

在发电机和变压器之间还装有断路器，这是为了机组检修或故障时保证变压器高、中压侧之间的转换功率不受影响。

（二）扩大单元接线

扩大单元接线为两台或两台以上的发电机与变压器的组合。此时每台发电机回路应装断路器，以便在一台机组事故时，不影响另一台机组运行。

扩大单元接线比单元接线减少了高压开关设备和变压器的台数，可节约投资，简化布置，但在主变压器事故时，有两台或两台以上发电机容量不能送出。当水电站只有一个扩大单元时，应慎重考虑水库是否有足够的调节库容，以避免在设备检修时引起大量弃水，同时亦要考虑设备事故时，具有放水装置能够供应下游用水的要求。此外应有外来自用电源，以保证事故停机时机组的启动和照明用电。通常装有四台机组的电站，按两台发电机一台变压器组成一个扩大单元接线。一个扩大单元接线容量不应大于系统的备用容量。

二、开关设备和熔断器

开关设备是用来接通和断开电路的电气设备。正常运行时，发电机需要开机、停机，线路需要送电、停电，电动机需要启动、停止等等，必须通过操作开关设备才能实现；当电路发生故障时，需要开关设备来迅速切断故障电路，以保护故障回路的电气设备，并防止故障蔓延扩大，以维持完好部分继续安全运行；设备检修时也要操作开关设备，使待检修的设备脱离电压，以确保检修工作方便。因而电力系统中装设了断路器、隔离开关、自动空气开关、磁力起动器、接触器等各种开关设备。

熔断器是最简单的一种保护电器，用来保护电气设备免受短路电流和过负荷电流的损害。熔断器不能用于正常的切断和接通电路，必须与其他电器配合使用。

(一)开关设备

当用开关设备切断通过较大电流的电路时,在其触头之间可见到强烈而刺眼的弧光,这就是电弧。电弧是空气导电的现象,电弧的存在,说明电路中仍然有电流流通,电路并没有真正切断,要使电路真正断开,必须将电弧也熄灭。尤其值得注意的是,电弧的温度很高,如不迅速熄灭,还可能烧坏设备,造成短路,甚至引起系统的严重事故。因此要求开关设备必须迅速、可靠地熄灭电弧。

1. 断路器

断路器是最主要的高压(1000V 以上)开关设备,它既能接通或切断负荷电流,又能迅速切断短路电流。

断路器的种类很多,按绝缘及灭弧介质可分为少油断路器、多油断路器、空气断路器、六氟化硫断路器、真空断路器和磁吸断路器等。按安装场所可分为户内式和户外式。它们各有不同的额定电压、额定电流和断路容量等技术数据。

断路器的型号由汉语拼音字母和数字组成,第一部分为汉语拼音字母,表示结构特征,第二部分为数字,表示额定电压等。例如 SN10—10、SN3—10/2000、SW2—35C、SW3—110G/1200、KW4—110、DW8—35、LN1—35、ZN—10、CN2—10/600 型等。S—少油断路器;D—多油断路器;K—空气断路器;L—六氟化硫断路器;C—磁吸断路器;N—户内式;W—户外式;C—手车式(位于型号后,如 SW2—35C);G—改进型;第一部分后面的数字为设计序号;破折号后数字为额定电压(kV),如数字用分数形式表示时,则分子为额定电压(kV),分母为额定电流(A)。

2. 隔离开关

隔离开关是一种触头开合非常明显直观,但没有灭弧装置的开关设备,主要用来隔离电压,以保证高压装置中检修工作的安全,并在断路器跳闸后,回路无电流的情况下,用来进行切换操作。由于它无灭弧装置,因此不能用来接通或切断负荷电流,否则会在隔离开关的触头间形成很强的电弧,不仅可能损坏隔离开关及其附近的设备,还可能造成相间短路。必须在所在回路的断路器跳闸之后，才能进行隔离开关的操作。只是在电流很小的回路里，当隔离开关触头上不会产生强大电弧时，作为特例才允许用隔离开关单独进行接通或断开电路的操作。例如可用隔离开关操作电压互感器和避雷回路、励磁电流不超过 2A 的空载变压器和电容电流不超过 5A 的空载线路等。

隔离开关的型号以汉语拼音字母和数字组成。如 GN10—10T/400、GW5—110GD/1000 和 GW4—110D 型等。其中 G—隔离开关；N—户内式；W—户外式；第一部分最后数字为设计序号；破折号后数字为额定电压(kV)，如数字为分数时，则分子为额定电压(kV)，分母为额定电流(A)；数字后字母 G—改进型产品；D—带接地闸刀；T—统一设计产品。

带接地闸刀的隔离开关，其接地闸刀是专门用来接通大地的。合上接地闸刀，与接地闸刀静触头相连接的电气设备或导线即与大地连通。采用这种方式接地非常简便(室外母线及进出线很高，临时挂接地线不便)，接地后可保证检修工作安全方便。35kV 以上户外式隔离开关有带接地闸刀和不带接地闸刀两种，此外也有在动、静触头侧带接地闸刀的隔离开关。

3. 低压开关设备

低压开关设备包括闸刀开关、接触器、磁力起动器和自动空气开关等。

闸刀开关没有灭弧装置，主要用来隔离带电部分的电压，以保证检修工作的安全；也允许带小负荷电流接通或切断电路(例如 7kW 以下的电动机回路)，但闸刀开关的额定电流一般不小于回路额定电流的三倍(有一种带灭弧罩的闸刀开关，实际上是低压负荷开关，则可用来接通或切断负荷电流)。

接触器、磁力启动器、自动空气开关都带有灭弧罩，灭弧罩由灭弧栅片组成，它将电弧分成许多段短弧，使电弧熄灭。

(二)熔断器

熔断器是在熔断管中装入熔件，再与固定触头、支持绝缘件等组成，串联在电路中，当电路中的电流增加到一定数量时，熔件的温度达到熔点而熔断，从而使电路断开。通过熔件的电流越大，则熔件熔断也越快，电路断开的时间就越短。

三、电压互感器和电流互感器

电压互感器和电流互感器也是一种变压器。电力变压器用来升高电压，以利于向远处供电，而互感器则是用来降低电压，以便连接电气测量仪表、继电保护装置和自动装置。

（一）电压互感器

电压互感器按绝缘的方式可分为干式、油浸式和环氧树脂浇注绝缘式等；按相数可分为单相和三相两种；按安装地点可分为户内式和户外式。

干式电压互感器只用于电压较低（3kV 以下）的空气干燥的室内配电装置中，它的主要优点是重量轻、无着火和爆炸的危险。

油浸式电压互感器又分为普通结构式和串级式两种，3～35kV 的制成普通结构式，其铁芯和绕组放在盛有变压器油的钢质油箱内，绕组通过固定在箱顶上的套管绝缘子引出。电压在 110kV 及以上时，制成串级式，将铁芯和绕组放在盛有变压器油的瓷外壳内，无需专门的套管绝缘子，体积小、重量轻。

电压互感器的型号由汉语拼音字母和数字组成，如 JSJW－10、JDZ－35 和 JCC－110 型等。其中 J—电压互感器（型号中第一字母）；S—三相；D—单相；J—油浸式（第三字母）；G—干式；C—串级式（第二字母）；C—瓷绝缘（第三字母）；Z—环氧树脂浇注绝缘；R—电容式；W—立柱三绕组；B—带补偿组；J—接地保护用（第四字母）；破折号后数字为额定线电压（kV）。

（二）电流互感器

电流互感器的种类很多，按一次绕组匝数可分为单匝式（芯柱型、母线型、套管型）和复（多）匝式（线圈型、串级式等）；按安装方式可分为支持式和穿墙式；按地点可分为户内式和户外式；按绝缘方式可分为干式、油浸式和浇注绝缘等。

电流互感器的型号由汉语拼音字母和数字组成，如LDC—10、LFC—10、LMC—10、LQJ—10、LCW—110型等。其中L—电流互感器；Q—线圈式（第二字母）；F—复匝式；D—单通式；M—母线式（母线贯通于互感器的瓷套管中）；Z一环氧树脂浇注绝缘；C一瓷绝缘；R—装入式（套在多油断路器或电力变压器等的套管绝缘子上，又叫套管型）；J—接地保护用；W—户外式；破折号后数字为额定电压（kV）。

四、载流导体

载流导体主要包括无绝缘的裸载流导体和外附绝缘层、保护层的电缆两大类。裸载流导体又有硬裸载流导体和软裸载流导体两种，前者主要有汇流排（母线），后者主要有钢芯铝绞线（导线）。室外开关站及输电线路多采用钢芯铝绞线，钢芯铝绞线中的钢芯主要用来承受机械力。

电力电缆主要由导体（载流芯线）、绝缘层和保护层三部分组成，绝缘层使各相导体之间和导体与地之间绝缘，保护层则保护绝缘层不致在运输、敷设和使用中受损坏。

由于电力电缆造价高，目前输电线路主要仍然采用钢芯铝绞线的架空线路。水电站主变压器至室外开关站的连接线及室外开关站内部的连接线等一般也采用钢芯铝绞线。发电机至主变压器之间的连接线则常采用铝排（铝母线）。电力电缆可以布置在电缆沟内、电缆廊道内、电缆竖井内或直接埋在地下等。由于它有便于布置、节省空间、有利安全、避免影响环境的整齐美观等优点，所以在有的情况下需采用电力电缆。例如水电站的自用电一般采用电力电缆引出，小型发电机和电动机引线也常常采用电缆。

第三节　下部块体结构

水电站厂房下部块体结构的形状和尺寸，主要取决于水流系统的布置,包括进水管、蝴蝶阀、蜗壳、水轮机、尾水管、尾水闸门及附属设备。

一、水轮机、蜗壳及尾水管

水轮机的安装高程是水电站厂房的控制标高,对厂房影响很大。水轮机安装高程与采用的下游尾水位关系很密切,一般以电站一台机满发时的尾水位,作为决定水轮机安装高程时所用的下游设计尾水位。若水电站建成后下游河床可能会有冲刷,下游水位要降低,则可将下游设计尾水位再定得低一些。当基岩坐落较深时,由于厂房的基础最好安置在岩基上,也可能降低水轮机的安装高程。总之要考虑多方面因素来确定水轮机的安装高程。①

钢蜗壳常埋入混凝土中,以防止振动,并由混凝土承受部分不均衡作用力。尾水管的尺寸一般由厂家给出,在一定范围内可以根据厂房布置的要求加以改变。

二、蝴蝶阀及尾水闸门

当一根总管向几台机组供水时,为保证每台机组检修时其他机组能正常运行,在每台机组前要装设阀门。水头高时装球阀,水头低时装蝴蝶阀。它们都是动水关闭的快速阀门,一旦水轮机发生事故时可以迅速关闭。蝴蝶阀通常布置在主厂房内,利用主厂房的桥机来安装及检修蝴蝶阀,这样运行管理方便,布置紧凑,但可能因此要加大厂房宽度及长度。万一蝴蝶阀爆破,水流将淹没主厂房,故蝴蝶阀必须十分安全可靠。

尾水管出口一般设有尾水闸门,机组检修时可将尾水闸门关闭,抽去积水,以便工作。当机组作较长时间调相运行时,可将蝴蝶阀(或导叶)及尾水闸门关闭,将尾水管内的积水抽去,使转轮露出水面。如下游水位低于水轮机转轮,则关闭蝴蝶阀后,蜗壳和尾水管中的水位自然低于转轮,即可调相运行。如下游水位较高,机组作短期调相运行,则只要关闭导叶,向转轮室输入压缩空气,将尾水管内水位压低,使转轮露出水面在压

① 赵迪,汪魁,沈颖.水工及水电站建筑物实验教程[M].北京:北京交通大学出版社,2016.

缩空气中旋转。

在大、中型水电站上，尾水闸门一般采用平板闸门。尾水平台供交通用，尾水闸门悬挂在尾水平台下面大梁上，由电动葫芦沿主厂房纵向吊运，尾水平台高程为 34.68m。

三、下部块体结构布置

为了布置蝴蝶阀，常设蝴蝶阀室或廊道。蝴蝶阀上游或下游常设伸缩节，以便安装，并使受力条件明确。阀下游要设空气阀及蜗壳进人孔。阀上、下游均设排水管，以便检修时排除管内积水和漏水。尾水管进人孔也可由阀室进入。

蜗壳进人孔可设在蜗壳顶部，由水轮机层向下开孔进入。尾水管进人孔一般均设在尾水管直锥段，这里有钢里衬，便于开孔，同时便于观察水轮机转轮。当厂房内设有调压阀时也布置在下部块体结构中。此外还可能布置有排水廊道、检查廊道、相应的楼梯及吊物孔、集水井、水泵室、事故油池等。①

四、下部块体结构的最小尺寸

在一般情况下，主厂房的长度及宽度主要取决于下部块体结构的尺寸，只在高水头水电站上，才取决于发电机层的尺寸。

下部块体结构在施工中要分成数期来完成。第一期浇筑的叫一期混凝土，如尾水管弯管段及扩大段，主厂房的外墙、构架、吊车梁、屋顶等。尽快建成主厂房外墙、构架、吊车梁及屋顶，是为了尽早安装桥吊，以便用它来进行厂房内部的施工及安装。二期混凝土一般包括尾水管的直锥段、座环、蜗壳、发电机机座、有关各层楼板。先给直锥段、座环、蜗壳准备好支架，然后进行这些部件的组装与焊接，再绑扎钢筋及立模，最后才浇筑二期混凝土。决定厂房下部块体结构的尺寸时，必须周密考虑厂房的施工、运行及强度、刚度、稳定性等各方面因素。

---

① 杨阳. 水电站地下厂房围岩与结构地震响应分析[M]. 南京：河海大学出版社，2017.

水轮机安装高程及蜗壳、尾水管的尺寸均已决定后，可将其绘出。根据水轮机安装高程及转轮尺寸可定出尾水管的顶部高程，再减去尾水管的高度就得到尾水管的底部高程，再将尾水管底板的厚度减去可得基岩的开挖高程。尾水管的底板厚度先凭经验估计，以后再进行验算，一般说来，岩基上的尾水管底板厚1～2m左右。块体结构的顶部高程(即水轮机层地板高程∇_{z1})一般取决于蜗壳顶部混凝土层的厚度δ，此δ值也只能先估计一个，以后再行验算，对于中型机组可暂取1m左右，小型电站还可再小些。

块体结构二期混凝土的平面尺寸，首先取决于蜗壳的平面尺寸及施工条件。为了蜗壳的拼装和焊接，也为了便于绑扎钢筋及浇捣混凝土，蜗壳四周的混凝土厚度Δl至少要有0.8～1.0m，对大型机组这个数字还要大些。蜗壳两边各加Δl即得一个机组段的最小长度。机组下游侧在二期混凝土的外面还有一个外墙的厚度，一般可先在1～3m范围内估计一个数字。在机组上游侧，要在二期混凝土外面加一个蝴蝶阀室的宽度，再加一个外墙厚度。这样，块体结构的平面尺寸也大致决定了。

这样定出的尺寸我们叫它最小尺寸，因为在其他因素影响下这个尺寸还可能加大，但是不能再减小。这些尺寸当然要进行结构计算来校验。

水轮机安装高程为30.50m，减去导叶高度之半，再减去尾水管高度和尾水管出口至尾水室底板高度，得尾水室底板高程为25.83m；尾水室底板厚0.8m，得基岩开挖高程为25.53m；考虑蜗壳高度及外包混凝土厚度，得水轮机层地板高程为31.30m。根据蜗壳及尾水室平面尺寸和两边混凝土的厚度，取机组段长为7.3m；按二期混凝土及蝴蝶阀宽度取主厂房宽度约为9.7m(排架立柱中心距)，其中上游侧为5.35m，下游侧为4.35m。平面尺寸的决定还应考虑发电机层的布置和桥吊的宽度。

阀室在上游侧，阀室中间设有阀井，用以排空总管积水、漏水；尾水管进人孔亦由阀室进入；蜗壳进人孔在蜗壳进口顶部；调速设备的调速轴及推拉杆亦布置在这一侧；电压互感器布置在机组左侧，有铁丝网围栏；油、气系统设备房间放置在安装间下层的副厂房中；下游侧有回油箱坑；排渗漏水集水井及泵房设在安装间下层的块体中；在主厂房两端设有通往发电机层的楼梯。

第四节　电气设备、机械设备与辅助设备

一、电气设备

对厂房块体结构影响最大的是水流系统，对发电机层及水轮机层影响最大的则是电气设备，包括电流系统及电气控制设备。

（一）发电机支承结构

发电机支承结构也称为机座或机墩，其作用是将发电机支承在预定的位置上，并给机组的运行、维护、安装、检修创造有利的条件。机座必须有足够的强度与刚度，振动的振幅要小，保证弹性稳定。机组作用在机座上的力主要有垂直荷载（转动及非转动部分的重量，水推力等）及扭矩（正常及短路扭矩）。

1. 圆筒式机座

目前我国对中型机组广泛采用圆筒式机座，它的内部为圆形的水轮机井，外部呈圆形或八角形，圆筒壁厚在 1.5m 以上。水轮机井下部的内径决定于水轮机顶盖处的各种设备布置、安装、维护、检修条件以及结构传力的条件。我国目前常令机座荷载的一部分经水轮机座环传至下部块体结构，所以水轮机井的下部内径要略小于座环外径，一般大约等于水轮机转轮直径的 1.3～1.4 倍。水轮机井下部常设一段钢板里衬，由水轮机厂家制造。

水轮机井的上部内径与形状，主要取决于发电机结构。由于安装机组时，先吊入水轮机转轮及顶盖，再吊入发电机下机架，然后吊入发电机转子，所以发电机下机架的直径必须小于转子直径，而大于水轮机井的上部内径，而后者又必须大于水轮机转轮外径（最好能大于水轮机顶盖的外径，以便整体吊装）。当采用伞式发电机时，尽量减小下机架的跨度是有利的，因而常令水轮机井上部内径比水轮机转轮直径大 0.5～0.7m。

圆筒式机座的优点是：受压及受扭性能均较好，刚性大，一般为少筋

混凝。

2. 框架式机座

对于中小型机组，发电机支承在环形梁(圈梁)上，而环形梁又支承在4～6根立柱上，立柱将荷载传至下部块体结构，所以又称立柱式机座。立柱式的优点是混凝土方量少，水轮机顶盖处比较宽敞，设备的布置、安装、维护、检修都比较方便。缺点是受扭的性能比圆筒式差，刚度也较小。①

对于小型机组，发电机可支承在轻型钢筋混凝土框架上，然后将荷载传至下部块体结构。

机座的型式还有块体机座、平行墙式机座、钢机座等，在此不一一细述。

(二)发电机层

水轮机层地板高程▽ z_1。在此高程上再加上2m左右水轮机井进人孔高度，再加进人孔顶部梁深1m左右，即可得到发电机定子的安装高程▽ z_2，主机组的轴长也随之决定了。发电机安装高程有时取决于其他因素，例如，套用现成机组时，发电机与水轮机之间的间距是已经决定了的；又如，下游尾水位很高时，也可能考虑抬高发电机安装高程。对于大中型水电站，发电机常采用埋没式布置，即发电机定子全部埋没在发电机层地板以下(有时上机架的一部分甚至全部都埋没在发电机层地板下，发电机层只留下励磁机)，发电机层显得宽敞，利于布置各种控制设备及辅助设备。发电机出线由发电机层地板之下引出，也很方便。这时在▽ z_2 之上再加上发电机定子的高度(或再加上一部分或全部上机架的高度)，即得发电机层地板高程▽ z_3。

对于采用开敞式通风的小型发电机，发电机完全暴露在发电机层地板之上，发电机层地板高程就是▽ z_2。

发电机层地板的高程除受上述机组布置方式影响外，还要考虑其他因素。例如，其下的水轮机层高度必须满足布置在这层的油、气、水管路

① 王瑞骏，张晓宏. 水电站[M]. 北京：中国水利水电出版社，2017.

系统和引出线等设备的布置要求。又如，发电机层地板最好高于下游水位，以便对外交通，便于开窗采光通风，但如下游水位太高，则也可低于下游最高水位，但最好高于较常见的下游水位。再如，发电机层地板最好与装配场在同一高程上。

发电机层宽敞、明亮、干燥、通风良好，需经常监视操作的设备均布置于此，如机旁盘、调速器、油压装置等。如地位足够，励磁盘也可布置于此。水轮机层布置引出线、中性点、励磁盘及其他各种辅助设备。发电机层一般均有人值班，而以下各层则仅定时巡视。上述布置方式是目前我国普遍采用的，但并不是不能改变的，例如随着水电站仪器设备性能的改进及自动化程度的提高，水电站运行人员将减少，可只在中央控制室值班，发电机层不必派人值班，而将调速器靠近水轮机布置到水轮机层，将电气控制设备布置到副厂房，而将发电机层空出供机组安装及解体时使用。这样可能进一步缩小主厂房平面尺寸。

发电机采用埋没式布置。已知水轮机层地板高程为 31.30m，发电机定子安装高程为 33.39m，发电机层地板高程为 34.50m。在发电机层上游侧布置了调速器、复励盘、蝶阀吊孔；发电机引出线设在这侧的发电机层地板下面（水轮机层顶部）；在发电机层下游侧设有厂房消火箱，这侧也是发电机层主要通道，在其两头，即厂房的两端设有通往水轮机层的楼梯，在安装间则有吊物孔和洗涤设备。发电机层地板、安装间地板和对外公路路面在同一高程。

（三）电流系统及其他电气设备的布置

电流系统的布置要求引出线短，没有干扰，母线道干燥，通风散热条件好。该电站主接线采用扩大单元接线，三台 1250kV 机组用一台 SJSL4000/35 变压器接成一个扩大单元。35kV 高压侧输电系统，10kV 高压侧供地区用电。发电机电压为 6.3kV。每台机组均向上游出线，引出线采用电缆布置在发电机层地板之下，穿墙进入水轮机层副厂房电缆道（室），再接入发电机层副厂房开关室，然后并成发电机电压母线通至主变压器。升高电压 10kV 侧用电缆接回开关室，经户内断路器再引出，用 10kV 高压线送往地区用电；升高电压 35kV 侧直接拉至开关站，经开关送往系统。厂用电及近区用电由发电机电压母线引出线,经开关室开关,再通过厂用变压器供给。厂用变压器放置在发电机层的副厂房中。

中央控制室是全厂监视、控制的中心,要求宽敞、明亮、干燥、安静、气温适宜,以利于各种仪表正常工作,并给值班人员创造良好的工作环境。中央控制室最好靠近发电机层,与主厂房联系方便,处理故障迅速。它最好位于王厂房与高压开关站之间。中央控制室的下层要设一电缆层,全厂各处的各种表计、继电器、控制操作设备,都用电缆与中央控制室连接,这些电缆都通过电缆层,分别接入中央控制室的各表盘。中央控制室位于发电机层上游侧副厂房中,位置在厂房中间,又处在主厂房和高压开关站之间,在中控室的下部有电缆室。与中控室在副厂房同一高程的有蓄电池室、贮酸室、开关室、厂变、值班室,在安装间一头副厂房中布置了修理间、工具材料间。在副厂房的下一层,上游侧全是电缆层,敷设电缆方便。

二、机械设备

(一)机械控制设备

接力器(或称作用筒)可以是环形接力器或推拉接力器。环形接力器直接固定在水轮机顶盖上。推拉接力器一般布置在蜗壳断面较小的上游侧,固定在机座的孔洞中。油压装置供应一定压力的操作用油,以压力油管及回油管与操作柜连接。操作柜是调速机的核心部分,它以油管与接力器连接并控制油的流向,使接力器能打开或关小导叶,以满足运行的要求。接力器的动作则以回复杆(或钢丝绳)反馈给操作柜。综上所述,可知油压装置应尽可能靠近操作柜,操作柜尽可能靠近接力器,以缩短油管并便于安排回复装置。目前我国生产的小型调速器 YT(旧型号为 XT)、TT 型都是将操作柜和油压装置结合在一起的。另一方面,操作柜应尽可能靠近机旁盘,以便值班人员能同时看到操作柜与机旁盘上的各种仪表,便于在开停机及试验时进行手动操作。

(二)起重设备

在中小型电站厂房内通常装设一台桥式起重机(吊车)。当起重最重部件在 20t 以下时，可采用手动或电动双梁吊车，也可采用电动双梁双钩吊车（起重量达 15t 时）；当最大起重量在 10t 以下时，可采用手动或电动单梁吊车，甚至可不设专门起重设备。起重设备的形式和吊运方式等，对厂房上部结构的影响很大。因此必须正确拟定厂内最重部件和最大部件的吊运方式，合理地选择起重设备。

1. 桥式吊车的构造和工作范围

桥式吊车由大车（移动桁架）、小车、驱动操作机构和设备提升机构等部分组成。因大车沿厂房纵向移动，小车在大车上左右移动，故吊车的主、副钩能前后、左右、上下控制一定范围。大车和小车移动的极限位置所控制的范围，叫吊车的工作范围。厂内所有需要用吊车进行吊运的设备，都必须布置在这工作范围内。

2. 桥式吊车的选择

选择吊车时应确定：①厂房最重部件的重量；②吊车型式；③吊车跨度。主副钩的起升高度一般不起控制作用。

厂内最重部件一般是带轴的发电机转子，在低水头河床式水电站中，有时可能是带轴的水轮机转轮；采用扩大单元接线，当主变压器在厂内检修时，主变压器铁芯也可能是起控制性的最重部件。主钩起重量，应能起吊最重部件。副钩主要用于安装和检修一些小而轻的设备和零件。

桥吊跨度主要取决于厂房的平面布置，一般由吊运最大部件（通常也是带轴转子）需要的尺寸和厂房布置的要求所决定，尽可能使厂房宽度能采用标准跨度的吊车。既满足起吊厂内设备的要求，又应在不影响运行方便的条件下布置紧凑，以减小吊车跨度和厂房宽度，从而减少吊车和厂房的投资。必要时可用临时起重设备来吊运某些辅助设备，以减小吊车跨度。

3. 桥吊的安装高程

桥吊的安装高程是指吊车的轨道的轨面高程。桥吊的跨度与安装高程决定着发电机层以上的主机房空间的大小。在这个空间里除了布置着发电机的上部结构、机旁盘、调速器等设备外，还要能吊运机组的最大及最长部件而不影响其他机组的正常运行。主、副钩的极限位置均由厂家给出，吊运部件与周围建筑物及设备之间的最小间隙，水平方向为0.15～0.30m，垂直方向为0.6～1.0m，如采用刚性吊具，垂直间隙可减至0.25～0.5m。据此可在厂房横剖面图上绘出吊运最大部件时的位置，并在发电机层和装配场层上绘出吊钩工作范围。对于边机组段，即在相对装配场的厂房另一端机组段，为吊运设备起见，可能要适当加长机组段。

由吊运部件及布置发电机层设备的观点来看，在一定范围内可将主厂房结构做得窄而高，或者宽而低。下部块体结构的最小尺寸必须保证，但可适当放大。桥吊最好采用标准跨度，但征求厂家同意后可适当改变。以上各因素通盘考虑后，才能决定桥吊跨度与安装高程。

发电机转子带轴是最重部件，重量为8t，因此选用起吊能力为10t的手动单梁桥式吊车。转子带轴长3.5m，在厂房下游侧吊运，采用桥吊标准跨度为9.0m，各主要部件均在吊车工作范围内。

(三)装配场的位置与高程

水电站对外交通运输道路可以是铁路、公路或水路。对于大中型水电站，由于部件大而重，运输量又大，所以常建造专用的铁路线。中小型水电站多采用公路。对外交通道路必须直达装配场，以便车辆直接进入装配场利用桥吊卸货，因而装配场一般均布置在主厂房有对外道路的一端。

装配场的高程主要取决于对外道路的高程及发电机层地板的高程。装配场最好与对外道路同高，均高于下游最高水位，以保持对外交通在洪水期仍畅通无阻。装配场最好也与发电机层同高，以充分利用场面，工作也方便。发电机层地板常常低于下游最高尾水位，从而也低于对外道路，这时可以有以下几种方案。

1.装配场与对外道路同高，均高于发电机层。洪水期对外交通可保持通畅，但装配场与发电机层相邻部分的场面不能加以充分利用，装配场可能因之要稍加长些，同时桥吊的安装高程将取决于在装配场处吊运最大部件的要求，整个主厂房将加高。

2.装配场与发电机层同高，均低于下游最高水位。这种情况可有两种处理方式。一种是对外道路在靠近厂房处下坡，由低于下游最高水位处开始沿路边筑挡水墙，一直接到主厂房。这种方式的好处是可保持对外交通通畅，但下游水位很高时挡水墙的工程量将太大。还有一种方式是将主厂房大门做成止水门，洪水时将大门关闭，断绝对外运输，值班人员则可由高处的通道进入厂房。

3.装配场与发电机层同高，而在装配场上专门划出一块货车停车卸货处，此停车处高于装配场而与对外道路同高。这种情况下装配场场面不能充分利用，而厂房高度可能取决于卸货的要求。

（四）装配场的面积与高度

装配场（又称安装间）与主厂房同宽以便桥吊通行，所以装配场的面积就由它的长度来决定。装配场需要多大面积，主要取决于在它上面要进行哪些装配工作。在水电站初始安装机组的过程中，常常利用临时起重机卸货，部件堆置在临时仓库中，只是到最后组装时才陆续运入装配场，所以不必按初始安装的要求来决定装配场的面积。装配场的面积主要取决于机组解体大修的需要，当机组台数不多时（例如 6～10 台以下），一般考虑一台机解体大修的需要。较小及较轻的部件可以灵活堆置于发电机层，对于竖轴混流式水轮机机组，装配场按装修四大件的要求来考虑。

1.发电机转子。转子要在装配场进行组装与修理，转子要布置在主钩的工作范围之内（采用双小车桥吊及两台桥吊时要特别注意），转子四周要留下 1～2m 的工作场地，转子放在装配场上时轴要穿过地板，所以地板上相应位置要设大轴孔，它的面积要大于大轴法兰盘。为了组装转子时使轴直立，在轴下要设大轴承台，并预埋底脚螺栓。对于小型机组可不设大轴孔和大轴承台，只在转子四周用垫块垫起。

2.发电机上机架。重量不大，但占地不小。

3.水轮机转轮。四周要留一米宽的工作场地。

4.水轮机顶盖。

安装间面积按布置四大件来考虑。一般情况下装配场的长度大约等于机组段长度的1.0～1.5倍。对于竖轴轴流式水轮机机组，装配场按装修五大件来考虑，即除上述四大件外再加上支持盖；对于竖轴冲击式水轮机机组，装配场只按装修发电机转子和上机架两大件来考虑，水轮机顶盖放在水轮机井的机座上，水轮机转轮在机坑里检修亦较方便。

对于卧式机组厂房，按下面三种考虑：①混流式机组，装配场按布置水轮机蜗壳和转轮、发电机转子和定子四大件考虑；②冲击式机组，装配场按布置发电机转子和定子、水轮机转轮考虑；③灯泡贯流式机组，装配场按布置发电机转子和定子、水轮机转轮、轴、导水机构、轴承支架、灯泡体、密封环、转轮室等全部部件考虑。

装配场内还要安排运货台车停车的位置，有时还要安排堆放试重块的位置。厂房内的桥吊在安装及大修时要进行试验，试验分静荷及动荷试验两种。静荷试验时桥吊要吊起的荷载为起重量的125%；动荷试验时要吊起的荷载为起重量的110%并反复吊起及放下。试重块常由钢筋混凝土块所组成，体积很大，可以堆放在装配场内的试重块坑内，也可以堆放在厂外。当吊车起重量较大时，为了减小试重块的体积，也可采用铸铁试重块。对于起重量大于150t的大型桥吊，近年来出现了只进行静荷试验而不进行动荷试验的做法，以省去试重块。这时可在装配场下放置锚钩(有时利用大轴承台的底脚螺栓)，它必须能承受向上的拉力等于桥吊起重量的110%，进行静荷试验时，在桥吊大钩与锚钩之间加设拉力计。采用何种方式要慎重，因为桥吊的事故将造成严重的后果。

有时主变压器也要推入装配场进行大修，这时要考虑主变压器运入的方式及停放的地点，因为主变重量很大，尺寸也很大，装配场的地板常常要专门加固，大门也可能要放大。主变大修时常需吊芯检修，由吊运机组所决定的厂房高度如果不足以吊出铁芯，则可在装配场上设变压器坑，先将整个变压器吊入坑内，再吊芯检查。即使如此，在少数情况下还要因吊芯而稍许加高厂房。近几年来推广采用强迫油循环水冷式变压器，变压器尺寸大为减小。目前大型变压器常做成钟罩式，吊芯检查改为吊罩，重量大为减小。

装配场的基础最好坐落在岩基上。如装配场本身是在基岩中开挖而成，则装配场下部可不必开挖，而只在必要的地方（如转子大轴承台）进行局部开挖。如基岩坐落较深，则装配场下层常有很大的空间可以布置各种辅助设备。要注意装配场的结构问题，因为它的荷载大，梁的尺寸大，有的还要加设中间支柱。

第五章　水电站压力管道设计

第一节　水电站压力管道的基本知识

一、压力管道的功用

水电站压力管道是从水库、压力前池或调压室向水轮机输送水量的水管，一般为有压状态。水电站压力管道的特点是集中了水电站大部分或全部的水头，坡度较陡、内水压力不同时还要承受动水压力的冲击(水击压力)。另外，因其靠近厂房一旦发生破坏会严重威胁厂房安全。鉴于以上叙述，水电站压力管道是极具特殊重要性的器件，故对其材料、设计方法和加工工艺等都有许多特殊要求。压力管道的主要荷载为内水压力，管道的内直径 D(m)和其承受的水头 H(m)及其乘积(HD 值)是标志压力管道规模及技术难度的重要参数，目前最大直径的钢管是巴基斯坦塔贝拉水电站第三期扩建工程的隧洞内明敷钢管(直径 13.26m)。HD 值很高的水电站压力管道多见于抽水蓄能电站(目前最高值已超过 $5000m^2$)。

二、压力管道的类型

水电站压力管道可按布置形式和所用材料的不同进行分类。明管适用于引水式地面厂房，地下埋管多为引水式地面或地下厂房采用，混凝土坝身管道则只能在混凝土坝式厂房中使用。由于钢材强度高防渗性能好，故钢管或钢衬混凝土衬砌管道主要用于中、高水头水电站，而钢筋混凝土管则适用于普通中、小型水电站。用作水电站压力管道还有回填管

（多用于尾矿坝排水管）、土坝下埋管、木管、铸铁管等（这些类型的管道目前在大、中型水电站中已基本不用，但在小型水电站中有时还能见到）。[①]

（一）钢管

用作水电站压力管道的钢管按其自身的结构可分为无缝钢管、焊接钢管、箍管三类。无缝钢管直径较小，适用于高水头小流量的情况。焊接钢管适用于较大直径的情况，焊接钢管通常是由弯成圆弧形的钢板焊接而成。当 $HD>1000m^2$ 时，钢板厚度一般会超过 40mm，此时加工比较困难，故在这种情况下常采用箍管，箍管是在焊接管或无缝钢管外套以无缝的钢环（钢箍，称为加劲环）制成的，箍管可使管壁和钢箍共同承受内水压力，因此可以减小管壁钢板的厚度。用作水电站压力管道的钢管所使用的钢材应根据钢管结构形式、钢管规模、使用温度、钢材性能、制作安装工艺要求以及经济性等因素参照相关设计规范选定。

（二）钢筋混凝土管

用作水电站压力管道的钢筋混凝土管具有造价低、刚度较大、经久耐用等多种优点，通常主要用于内压不高的中、小型水电站。用作水电站压力管道的各类钢筋混凝土管，除了普通的钢筋混凝土管外，还有预应力钢筋混凝土管、自应力钢筋混凝土管、钢丝网水泥管、预应力钢丝网水泥管等。普通钢筋混凝土管适用于 $HD>50m^2$ 的情况，预应力和自应力钢筋混凝土管的 HD 可达到 $200m^2$，而预应力钢丝网水泥管因其抗裂性能好，故其 HD 可超过 $300m^2$。

（三）钢衬钢筋混凝土管

用作水电站压力管道的钢衬钢筋混凝土管是在钢筋混凝土管内衬钢板制成的，在内水压力作用下钢衬与钢筋混凝土联合受力（从而可以减小钢板的厚度），用作水电站压力管道的钢衬钢筋混凝土管适用于 HD 较高的情况，由于钢衬可以防渗、外包的钢筋混凝土允许开裂，故该类管道有利于充分发挥钢筋的作用。

① 王晓琴，王世儒. 水电站[M]. 郑州：黄河水利出版社，2016.

三、水电站压力管道的供水方式

目前，水电站通过压力管道向多台机组供水的方式主要有3种，即单元供水、联合供水、分组供水。水电站压力管道钢管的首部快速闸门（阀）和事故闸门（阀）必须在中央控制室和现场设置操作装置并要求有可靠的电源为其供电。

（一）单元供水

单管单机工况。其特点是每台机组都有一条压力管道供水、不设下阀门。其优点是结构简单（无岔管）、工作可靠、灵活性好（当某根管道检修或发生事故时只影响一台机组工作，其他机组照常工作），另外，单元供水的管道易于制作（无岔管）。其缺点是管道在平面上所占尺寸大、造价高。单元供水方式适用于单机流量大或长度短的地下埋管或明管（混凝土坝身管道也常采用这种供水方式）。

（二）联合供水

一管多机工况。其特点是一根主管向多台机组供水，在厂房前分岔，在进入机组前的每根支管上设快速阀门。其优点是单管规模大、分岔管多、布置容易。其缺点是造价较高，另外，一旦主管道检修或发生事故需全厂停机。联合供水方式适用于单机流量小、机组少、引水管道较长的引水式水电站（原因是地下埋管中开挖距离相近的几根管井多有一定困难，故常采用这种方式）。

（三）分组供水

多管多机工况。其特点是设多根主管，每根主管向数台机组供水，在进入机组前的每根支管上设有快速阀门。其优点介于上面两种供水方式之间，适用于压力水管较长、机组台数多、单机流量较小的地下埋管和明管。

四、水电站压力管道明管布置的基本方式

水电站压力管道与主厂房的关系主要取决于整个厂区枢纽布置中各

建筑物的布置情况，目前常采用的明敷钢管引近厂房的方式有三种，即正向引近、纵向引近、斜向引近。

（一）正向引近

管道的轴线与电站厂房的纵轴线垂直。其工作特点是水流平顺、水头损失小、开挖量小、交通方便，其缺点是钢管发生事故时会直接危及厂房安全。正向引近适用于中、低水头电站。

（二）纵向引近

管道的轴线与电站厂房的纵轴线平行。其工作特点是一旦钢管破裂时可以避免水流直冲厂房，其缺点是水流条件不太好、增加了水头损失且开挖工程量较大。纵向引近适用于高、中水头电站。

（三）斜向引近

其管道的轴线与电站厂房的纵轴线斜交。其工作特点介于上述两种布置方式之间。斜向引近常月于分组供水和联合供水的水电站。

五、水电站压力管道线路选择的基本要求

水电站压力管道的线路选择应结合引水系统中其他建筑物（前池、调压室）和水电站厂房的布置统一考虑，应选择在地形和地质条件均优越的地段。明敷钢管线路选择的一般原则有以下四点。

1.管道路线应尽可能短而直以降低造价、减少水头损失、降低水击压力、改善机组运行条件（因此，地面压力管道一般应敷设在陡峻的山脊上）。

2.应选择良好的地质条件（通常要求山体应稳定、地下水位要低，应避开山崩、雪崩以及沉陷量很大的地区和洪水集中的地区，应避开村镇居民区和交通道路等。若无法满足上述要求则要有切实可行的防护措施，若不能避开村镇居民区还要考虑工程对环境的影响）。

3.应尽量减小管道线路的上下起伏和波折并避免出现负压，需要在平面上转弯时其转弯半径可采用 2～3 倍管道直径（D）并应尽量避免与其他管道或交通道路交叉。

4.水头高、线路长的管线要满足钢管运输安装以及运行管理、维修等方面的交通要求。另外，为避免钢管一旦发生意外事故时危及电站设备和人身安全，还需要设置事故排水和防冲工程设施，遇到与水渠、道路、输电线、通信线路等交叉情况时，要设置必要的交叉建筑物和防护设施，通常情况下要沿管线设置交通道路并应有照明设施（应根据工程具体情况在交通道路沿线设置休息平台、扶手栏杆、越过钢管的爬梯或管底通道等）。

对地下埋管，其线路也应选择在地质和地形条件优越的地区，岩石应尽量坚固、完整并要有足够的上覆岩石厚度以利用围岩承担内水压力，埋管轴线要尽量与岩层构造面垂直并避开活动断层、滑坡、地下水压力和涌水量很大的地带（以避免钢衬在外水压力作用下失稳），同时还应注意施工方面的便利性，其进水口应选择在相对优良的地段，若选用多根管道其相邻管道间的岩体要满足施工期和运行期的稳定及强度要求。①

六、水电站压力管道直径的选择要求

水电站压力管道直径的确定是压力管道设计的主要内容之一。管道直径越小，管道的用材和造价越低（但管道中的流速也就越高，水头损失和发电量损失也越大）。因此，管道直径的确定不仅是一个技术问题还是一个经济问题，故应通过技术经济比较后确定。目前国内外计算压力钢管经济直径的理论公式和经验公式很多，但其基本原理和基本方法却大同小异。实际设计中，由于有些因素（比如施工工艺、技术水平等）无法在计算公式中考虑，因此，按照公式计算的结果通常只能作为一般参考。通常的做法是根据已有工程经验和计算公式确定几种直径后再分别进行造价和电量计算，然后再考虑技术方面的因素，最后选择确定其最优直径。在水电站可行性研究和初步设计阶段也可以采用经验公式法或经济流速方法确定压力钢管的直径。

---

① 杨厚君，唐宇航．水电站生产设备安全风险评价标准[M]．北京：中国水利水电出版社，2017.

(一)经验公式法

经验公式法的经验公式为

$$D=(5.2Q_{max}^{3}/H)^{1/7}$$

式中，Q_{max} 为压力管道设计流量，单位：m^3/s；H 为设计水头包括水击压力，单位：m。

(二)经济流速法

压力管道的经济流速一般为 4～6m/s(最大不超过 7m/s)，选定经济流速 Vc 后就可根据水管引用流量 Q 用以下公式确定管道直径，即

$$D=1.13(Q/V_c)^{1/2}$$

式中，各符号的含义及单位同前。

第二节　水电站明敷钢管设计

一、水电站明敷钢管的敷设及支承方式

由于水电站明敷钢管一般长度都很长，所以常需分段敷设，即在直线段每隔 120～150m 或在钢管轴线转弯处(包括平面转弯和立面转弯)设置镇墩以固定钢管(以防止钢管发生位移)。在两镇墩间应设置伸缩节(其作用是当温度发生变化时管身可以自由伸缩从而减小温度应力)。伸缩节一般应放在镇墩的下游侧。镇墩之间的管段应用一系列等间距的支墩支承，支墩的间距应通过钢管应力分析确定(并应考虑钢管的安装条件、地基条件和支墩形式，且应经技术经济比较后确定)。靠近伸缩节的一跨其支墩间距可缩短一些。管身距地应不小于 60cm(以便于维护和检修)。采用这种敷设方式的水管受力明确(在自重和水重作用下水管相当于一个多跨连续梁，镇墩将水管完全固定，相当于梁的固定端)。

(一)镇墩

镇墩的作用是靠本身的质量固定钢管并承受因水管改变方向而产生

的轴向不平衡力以防止水管产生位移。镇墩通常由混凝土浇筑制成，混凝土强度等级一般应不低于C15，寒冷地区的墩底基面应深埋在冻土线以下。常见镇墩有封闭式和开敞式两种形式。

1. 封闭式

封闭式镇墩其钢管被埋在封闭的混凝土体中，镇墩表层需布置温度筋，钢管周围应设置环向筋和一定数量锚筋。这种布置方式结构简单、节约钢材、固定效果好，故应用较广泛。

2. 开敞式

开敞式镇墩利用锚栓将钢管固定在混凝土基础上，镇墩处管壁受力不均匀、锚环施工复杂，其优点是便于检查、维修。目前这种镇墩在我国已很少采用。

(二)支墩

支墩的作用是承受水重和管重的法向分力(相当于连续梁的滚动支承)，支墩允许水管在温度变化时轴向自由移动，目前按支墩上的支座与管身相对位移特征的不同，有以下三种形式。

1. 滑动式支墩

钢管发生轴向伸缩时会沿支座顶面滑动。滑动式支墩又可分为无支承环鞍形支墩、有支承环鞍形支墩和有支承环滑动支墩三种。无支承环鞍形支墩是将钢管直接支承在一个鞍形混凝土支座上，其包角β在90°～120°之间。为减少管壁与支座间的摩擦力，可在支座上铺设钢板并在接触面上加润滑剂，这种支墩结构简单但管身受力不均匀、摩擦力大，这种支墩结构适用于管径1m以下的钢管。有支承环滑动支墩其支承环放在金属的支承板上，其比前两种支墩的摩擦力更小，适用于管径1～3m的钢管。

2. 滚动式支墩

滚动支墩在支承环与墩座之间加了圆柱形辊轴，钢管发生轴向伸缩时辊轴滚动(摩擦系数约为0.1)，适用于竖向荷载较小而管径大于2m的钢管。

3. 摆动式支墩

摆动支墩在支承环与支承面之间设置了一个摆动短柱(短柱下端与支承板铰接,上端以圆弧面与支承环的承板接触),当钢管沿轴向伸缩时短柱以较为中心前后摆动(其摩擦力很小,故能承受较大的竖向荷载),摆动支墩适用于管径大于 2m 的钢管。

二、水电站明敷钢管的主要附件

水电站明敷钢管的主要附件包括伸缩节、通气阀、进人孔、旁通阀、排水设施等。

(一)伸缩节

露天式压力钢管受到温度变化或水温变化影响时,为使管身能沿轴线自由伸缩以消除温度应力且适应少量不均匀沉陷的环境,常在上镇墩的下游侧设置伸缩节。对伸缩节的基本要求是能随温度变化自由伸缩,能适应镇墩和支墩的基础变形而产生的线变位和角变位并应留有足够余度。伸缩节的形式较多,较常见的有套筒式伸缩节、压盖式限拉伸缩节、波纹管伸缩节、波纹密封套筒式伸缩节等。设在阀门处的伸缩节应便于阀门的拆卸并允许其产生微小的角位移。

(二)通气阀

通气阀常布置在阀门之后,当阀门紧急关闭时水管中的负压使通气阀打开向管内充气以消除管中负压,水管充水时管中空气从通气阀中排出然后再关闭阀门。

(三)进人孔

为方便检修工作通常应在钢管镇墩的上游侧设置进人孔,进人孔间距一般为 150m(不宜超过 300m),进人孔为圆形或椭圆形,其直径(或短轴)一般应不小于 45cm。为保证正常运行期间不漏水,进人孔盖与外接套管之间要设止水盘根。

(四)旁通阀

旁通阀通常设在水轮机进水阀门处(与闸门处的旁通管作用相同),

作用是使阀门前后平压后开启以减小启闭力。

(五)排水设施

在压力水管的最低点通常应设置排水管,其作用是在检修水管时用于排出管中的积水和渗漏水。

另外,对严寒地区的明敷钢管还应有防止钢管本身及其附件结冰的保温措施。

三、作用在明敷钢管上的荷载及组合

通常情况下,水电站明敷钢管的结构设计状况分为持久状况、短暂状况和偶然状况三种。对这三种设计状况均应进行承载能力极限状态设计。另外,对持久状况还应进行正常使用极限状态设计,对短暂状况可根据需要进行正常使用极限状态设计,对偶然状况可不进行正常使用极限状态设计。所谓承载能力极限状态是指钢管结构或构件或达到最大承载能力(或丧失弹性稳定或出现不适合于继续承载的变形)的情形,而正常使用极限状态则是指钢管结构或构件达到正常使用或耐久性能的某项规定限值。根据我国设计规范对明敷钢管要求进行承载能力极限状态验算,其内容包括主要结构构件的承载能力计算以及管壁和加劲环的抗外压稳定计算(如有必要,还应进行镇墩和支墩抗倾、抗滑及抗浮验算;若有抗震要求,则还应进行抗震承载能力计算)。①

(一)荷载计算

对明敷钢管来讲,按荷载的作用方向不同,可以将其分为轴向力、径向力和法向力三种,每种荷载都有其不同的作用分项系数,$\gamma_G=1.05$ 或 0.95 作用分项系数当自重作用效应对结构有利时应采用 0.95;γ_G、γ_Q、γ_A 分别为永久作用、可变作用、偶然作用的分项系数;管道放空时通气设备造成的气压差作用取值不应小于 0.05N/mm^2,也不应大于

① 杨晋营.小型水电站初步设计报告编制规程[M].北京:中国水利水电出版社,2019.

0.1N/mm²。

(二)荷载组合

钢管结构设计应根据承载能力极限状态的要求对不同设计状况下可能同时出现的作用进行相应的作用效应组合。

四、明敷钢管的结构分析方法

(一)明敷钢管管壁厚度的估算

在进行明敷钢管设计时需要先设定管壁厚度，由于内水压力在管壁上产生的环向应力是其主要应力，因此人们常用锅炉公式来初拟管壁厚度。锅炉公式取单位长度承受较高水头的压力钢管，将其沿水平直径切开，由力的平衡条件可以得出管壁中的环向拉应力 σ_θ，即

$$\sigma_\theta = pD/2\delta = \gamma HD/2\delta$$

以钢材的允许应力[σ]代替 σ。并考虑焊缝的强度降低问题而引入焊缝系数 φ，可得

$$\delta = \frac{pD}{2\varphi[\sigma]} = \frac{\gamma HD}{2\varphi[\sigma]}$$

式中，p 为内水压力；D 为钢管直径；δ 为管壁厚度；γ 为水的重度；H 为钢管内的水头。

我国规范中焊缝系数 ψ 一般取 0.9～0.95，允许应力[σ]取钢管材料允许应力的 75%～85%。考虑到钢管运行期间的锈蚀、磨损及钢板厚度误差等因素，管壁厚度至少应比计算值增加 2mm。另外，在实际工程中，考虑到制造、运输、安装等条件，故必须保持一定的刚度，因而需要规定一个管壁的最小厚度 δ_{min}(δ_{min} 目前一般取 D/800＋4mm 且不宜小于 6mm)。

(二)明敷钢管极限状态验算

明敷钢管为三维受力状态，故计算出各个应力分量后应按强度理论进行极限状态验算，若验算结果不满足要求则应重新调整管壁厚度或支墩间距重新计算，直到满足要求为止。

按承载能力极限状态设计时，各计算点的应力应符合下列要求，即

$$\sigma \leqslant \sigma_R$$

式中，σ 为钢管结构构件的作用效应计算值（是各种作用标准值及其分项系数、钢管构件的几何参数等的函数）；σ_R 为钢管结构构件的抗力限值（是结构重要性系数、结构系数、焊缝系数和钢材强度设计值的函数）。

按照第四强度理论（畸变能理论）各应力计算点的作用效应为

$$\sigma = S(\cdot) = \sqrt{\sigma_x^2 + \sigma_r^2 + \sigma_\theta^2 - \sigma_x\sigma_\theta - \sigma_x\sigma_r + 3(T_{xr}^2 + T_{x\theta}^2 + T_{r\theta}^2)}$$

也可将上式简化为

$$\sigma = \sqrt{\sigma_x^2 + \sigma_\theta^2 - \sigma_x\sigma_\theta - 3T_{x\theta}^2}$$

σ_R 的计算式为

$$\sigma_R = \frac{1}{\gamma_0 \psi \gamma_d} f$$

式中，γ_0 为结构重要性系数（钢管结构安全级别为Ⅰ时取 1.1，当安全级别为Ⅱ时取 1.0）；ψ 为设计状况系数（持久状况取 1.0，短暂状况取 0.9，偶然状况取 0.8）；γ_d 为结构系数；f 为钢材强度设计值。γ_d 适用于焊缝系数 $\phi=0.95$ 的情况（若 $\phi\neq0.95$，则 γ_d 应乘以 $0.95/\phi$。主厂房内的明敷钢管 γ_d 可增大 10%～20%），焊缝系数取值对单面对接焊且有垫板时取 0.90、双面对接焊时取 0.95（经论证且有可靠技术保障措施时也可取 1.0）。

五、明敷钢管的抗外压稳定设计

钢管是一种薄壁结构，可以承受较高的内压，但承受外压力的能力较差。水电站机组运行过程中，由于负荷变化会产生负水击从而使管道内产生负压（或者管道放空时通气孔失灵而在管道内产生真空），当管道内部产生真空或负压时管壁就可能在外部大气压力作用下丧失稳定（管壁会被压瘪），因此必须根据钢管处于真空中状态时不至于产生不稳定变形的条件来校核水电站明敷钢管管壁的厚度（或采取其他工程措施）。

水电站明敷钢管的外压稳定必须满足两个要求（即在外压力作用下

钢管本身不失稳以及抗外压承载能力应满足要求)，钢管承受均布外压荷载(外水压力、灌浆压力等)时其抗外压稳定性的验算公式为

$$K_c P_{ok} \leqslant P_{cr}$$

式中，K_c 为抗外压稳定安全系数(对明敷钢管一般应取 2.0)；P_{ok} 为径向均布外压力标准值；P_{cr} 为抗外压稳定临界压力计算值。

钢管的抗外压承载能力校核计算时所有管型的 γa 均应按明敷钢管整体膜应力取值，其钢管管壁环向压应力计算公式为

$$\sigma_\theta = -rP_{ok}/\delta$$

式中，r 为钢管内半径；δ 为钢管管壁计算厚度。

(一)光滑管段的临界外压力

光滑管段临界外压力计算时可取单位长度的管段进行分析，其在径向均布外压力作用下产生变形，当外压力 p 增加到临界压力 P_{cr} 时钢管管壁就会丧失稳定，在 P_{cr} 作用下管壁维持一定的变形状态，经过推导可得出临界压力 P_{cr}，即

$$P_{cr} = \frac{2E}{(1-\mu^2)} \times \left(\frac{\delta}{D}\right)^3$$

式中，D 为钢管直径；E 为钢的弹性模量；μ 为钢的泊松比；δ 为钢管厚度。

(二)加劲钢管的外压稳定设计

当管径较大时按上式求出的管壁厚度会太大(可能无法加工)，因此可采用在管壁上增加加劲环的方式作为提高管壁刚度的措施(这样，不但可以增加其抗外压稳定性，也可降低生产难度并降低造价，因而比增加管壁厚度更经济)。

1. 加劲环之间的管壁临界外压力计算

加劲环的刚度应足够大以确保在设计外压下不失稳。管壁由于受到加劲环的约束，其变形与光滑管不相同，其变形的特点是发生多波屈曲。发生多波屈曲所需的外压力比发生双波屈曲的外压力要大(但这与加劲环的间距有关)，当加劲环间距较小时其间的光滑部分会与加劲环一同变

形(管壁的临界压力即加劲环的临界压力),当加劲环的间距较大时(假设加劲环的刚度足够大且不会失稳),则两个加劲环的中间光滑部分的临界外压力为

$$P_{cr}=\frac{E\delta}{r(n^2-1)(1+\frac{n^2l^2}{\pi^2r^2})^2}+\frac{E\delta^3}{12r^3(1-\mu^2)}\times(n^2-1+\frac{2n^2-1-\mu}{1+\frac{n^2l^2}{\pi^2r^2}})$$

$$n=2.74(\frac{r}{l})^{1/2}(\frac{r^{1/4}}{\delta})$$

式中,n 为相应于最小临界压力的屈曲波数,可用上式估算;l 为加劲环间距。屈曲波数 n 应为整数(但求出的 n 不一定是整数,故需对其取整。因此,按上述公式计算时应首先求出屈曲波数 n 并取整,然后用 n、n－1、n＋1 三个数分别代入上面的公式中求出的最小值就是临界荷载)。

2. 加劲环断面的临界外压力计算

加劲环两侧附近的管壁与加劲环一起变形(这一部分的长度为 $l=0.78\sqrt{n\delta}$)。加劲环断面的外压稳定计算可按照光滑管的公式进行(但是等式右边应该除以加劲环的间距 l,其他参数则应用加劲环有效断面计算),即

$$P_{cr}=\frac{3EJ}{R_k^3 l}$$

式中,J 为计算断面对自身中和轴的惯性矩;R_k 为加劲环有效断面中心半径。

(三)水电站明敷钢管的设计步骤

水电站明敷钢管的设计步骤主要有以下四步,即首先根据锅炉公式,并考虑诱蚀厚度初步拟定管壁厚度(但在应力和稳定计算中不计锈蚀厚度);再由管壁厚度用光滑管外压稳定计算公式进行外压稳定校核。如果不稳定可设置加劲环(也可用支承环代替)并选定其间距;然后再根据加劲环抗外压稳定和横断面压应力小于钢管构件抗力限值的要求确定加劲环的尺寸;最后进行强度校核(如果不满足要求则应增加管壁厚度或缩小加劲环间距。然后重复上面的四个步骤直到满足要求为止)。

第三节 水电站分岔管设计

采用联合供水或分组供水时(即一根管道需要供应两台或更多机组用水时),需要设置分岔管,这种岔管通常位于厂房上游侧(其作用是分配水流)。有时,一条压力引水道需要分成两根以上的压力管道也需分岔管(分岔管通常位于调压井底部或调压井下游)。几台机组的尾水管往往在下游合成一条压力尾水洞,汇合处也需分岔管(不过水流方向相反)。上、下游压力引水道上的分岔管往往尺寸较大,但内压较低。目前,我国已经建成的水电站岔管大多数属于地下岔管且大多按明管设计(即不考虑周围岩体的分担荷载)。① 下面以厂房前的分岔管为例介绍分岔管的设计方法。

一、分岔管设计的基本要求

一般来说,岔管的水流条件较差,引起的水头损失也较大。另外,岔管由薄壳和刚度较大的加强构件组成,其管壁厚、构件尺寸大(有时需锻造)、焊接工艺要求高、造价也较高。由于岔管受力条件差且所承受的静、动水压力最大并靠近厂房,因此其安全性十分重要。从设计和施工角度来讲,岔管应满足以下 5 条基本要求。

1. 运行安全可靠。

2. 水流平顺、水头损失小并应避免涡流和振动,试验研究表明当水流通过岔管各断面的平均流速接近相等或水流缓慢加速(分岔前断面积大于分岔后面积之和)时可避免涡流并减少水头损失,分岔管宜采用锥管过渡(半锥角一般取 5°～10°)并宜采用较小的分岔角 β(常用范围为 45°～60°)且岔裆角 γ 和顺流转角 θ 也宜采用较小值但上述各项要求有时是互相矛盾的,比如增加 α_2 可减小 θ 但又会使 γ 加大,因此,需要全面考虑后

① 陈帝伊,贾嵘. 水电站自动化[M]. 北京:中国水利水电出版社,2019.

合理选择。

3. 结构合理简单、受力条件好并不产生过大的应力集中和变形。

4. 制作、运输、安装方便。

5. 经济合理。

以上水力学条件和结构、工艺的要求也常常互相矛盾（比如分岔角越小对水流越有利，但此时主支管相互切割的破口也越大，故对结构不利而且会增加岔裆处的焊接难度）。低水头电站应更多地考虑减少水头损失问题，高水头电站有时为使结构合理简单，可以容许水头损失稍大一些。

二、岔管的布置形式

岔管的典型布置有三种形式，即非对称 Y 形布置。如果要从主管中分出一支较小的岔管（或者两条支管的轴线因故不能作对称布置）时可以采用不对称的卜形布置。对称 Y 形布置，用于主管分成两个相同的支管（比如一管两机等）。三岔形布置，用于主管直接分成三个相同的支管。若机组台数较多还可采用对称 Y 形—非对称 Y 形或对称 Y 形—三岔形组合布置。目前，我国已建钢岔管的布置形式中卜形布置居多，其原因除了卜形布置灵活简便外，还由于以往建造的钢岔管规模较小，采用贴边岔管较多的实际情况比较适合于卜形布置。岔管的主、支管中心线宜布置在同一平面内以使结构简单。主、支管管壁的交线称为相贯线，由于在相贯线处主支管互相切割，故常需要沿相贯线用构件加强，为便于加强构件的制造和焊接通常多希望相贯线是平面曲线。如果主、支管的直径相差较大（或因其他原因）使主、支管公切于一个球有困难则相贯线将位于曲面上，沿相贯线的加强构件将是一个曲面构件，此时，计算、制造、安装等都比较困难。

三、岔管的结构形式

目前岔管的主要结构形式有三梁岔管、内加强月牙肋岔管、贴边式岔管、球形岔管、无梁岔管等。我国 20 世纪 50 年代建造的岔管，由于其尺寸及内压均不大故多为贴边式。20 世纪 60 年代由于国内高水头电站的出现使梁式岔管应用增多。后来，随着钢管规模的增大，大直径、高内压的三梁岔管制作安装困难越来越大且技术经济指标逐渐下降，故开始采用月牙肋岔管(少数工程还采用了球形岔管和无梁岔管)。

(一)三梁岔管

在压力钢管的分岔处由于管壳相互切割已不再是一个完整的圆形，在内水压力作用下管壁所承担的环向拉应力无法平衡，这样在主管与支管及支管间的相贯线上作用着主、支管壳体传来的环向拉力和轴力等复杂外力，因此，需要增加管壁厚度并用两根腰梁和一根 U 形梁进行加固(以使之有足够的强度和刚度)。以正 Y 形对称分岔为例，其主管一般为圆柱管、支管为锥管，沿两支管的相贯线用 U 形梁加强，沿主管和支管的相贯线则用腰梁加强，U 形梁承受较大的不平衡水压力(是梁系中的主要构件)，将 U 形梁和腰梁端部联结点做成刚性联结从而形成一个薄壳和空间梁系的组合结构(其受力非常复杂)。我国已建的数十个三梁岔管的结构试验证明，在管壁上实测的应力集中系数(实测应力与主管理论膜应力之比)为 1.3～2.6。其中五个岔管 U 形梁插入管壁内 20～100cm 深其应力集中系数为 1.3～1.9，另两个岔管 U 形梁未插入管壁内其应力集中系数增加为 2.4～2.6。因此，当没有计算分析和试验资料时，考虑到 U 形梁插入管壁内，则局部应力集中系数可取 1.5～2.0。常用的加固梁断面为矩形或 T 形，在材料允许时应避免采用瘦高型截面(以矮胖形截面为好)。U 形梁断面尺寸庞大，为改善其应力状态和布置情况、降低岔管壁的应力集中系数，U 形梁应适当插入管壳内(插入深度在腰梁连接端为零，中部断面处最大)，梁内侧应修圆角并应设导流墙。三梁岔管的主要缺点是梁系中的应力以弯曲应力为主，材料的强度未得到充分利用，三个曲梁(特别是 U 形梁)常常需要高大的截面(不但浪费了材料，还加大了岔管的轮廓尺寸且可能还需要锻造，另外焊接后还需要进行热处理)，由于梁的刚度较大故对管壳有较强的约束(从而使梁附近的管壳产生较大的局部应力)，同时，在内压作用下由于相贯线垂直变位较小故用于埋管则不能充分利用围岩抗力。因此,三梁岔管虽有长期的设计、制造和运行的经验,但由于存在上述缺点,故不能认为是一种很理想的岔管。三梁岔管适用于内压较高、直径不大的明管道。

(二)内加强月牙肋岔管

内加强月牙肋岔管是国内外近年来在三梁岔管的基础上发展起来的新式岔管,目前在我国已基本取代了三梁岔管。三梁岔管的 U 形梁插入管壳内能改善 U 形梁和管壳的应力状态,一般来讲,插入越深往往使应力越均匀。月牙肋岔管是用一个嵌入管体内的月牙形肋板来代替三梁岔管 U 形梁的并取消了腰梁。月牙肋岔管的主管为倒锥管,两个支管为顺锥管,三者有一公切球使相贯线成为平面曲线。内加强月牙肋岔管有下述 3 方面特点。

1. 月牙肋板只承受轴心拉应力而无弯曲应力,拉应力的分布比较均匀,其数值与邻近管壳上的拉应力相近。

2. 改善了水流条件使水头损失比一般岔管低许多(特别是对称流态情况可减少一半)。

3. 由于取消了外加固 U 形梁和腰梁,从而使岔管外形尺寸大为减小,对埋管可减少开挖工程量(由于外形规整,内水压力也易于通过管壳传给混凝土衬砌和围岩,从而使围岩的弹性抗力得到更好地发挥)。

这种岔管在生产建设中通过理论分析、模型试验和原型观测已经积累了一些经验,可应用于大、中型电站。鉴于国内已建的大月牙肋岔管均为埋管,故对高水头、大直径的明管还应进行进一步的研究。

(三)贴边式岔管

贴边式岔管是在卜形布置的主、支管相贯线两侧用补强板加固形成的。补强板与管壁焊固形成一个整体(补强板可以焊固于管道外壁或内壁,或内外壁均有补强板)。与加固梁相比,补强板刚度较小,不平衡区的水压力由补强板和管壁共同承担。在内水压力作用下由于补强板刚度较小故有可能发生较大的向外的位移,因此常用于埋藏式岔管(其能把大部分不平衡水压力传给围岩)。贴边式岔管常用于中、低水头 Y 形布置的地下埋管，尤其是支、主管直径之比（d/D）在 0.5 以下的情况，如果 d/D 大于 0.7 则不宜采用贴边式岔管。加强板的宽度应不小于（0.12～0.18）D，其中 D 为主支管轴线相交处的主管直径。当采用内外补强板时宜取内、外层板宽度不等的形式。[①]

（四）球形岔管

球形岔管是通过球面体进行分岔的，它是由球壳，圆柱形主、支管以及补强环和导流板等组成的。

在内水压力作用下，球壳应力仅为同直径管壳环向应力的一半，因此，这种岔管适用于高水头大、中型电站。球形岔管是国外采用比较多的一种成熟管型。球形岔管球壳所承受的荷载主要为内水压力、补强环的约束力和主、支管的轴向力，主、支管的轴向力对球壳应力有很大影响（在结构上应认真对待），垂直方向的支管应加以锚定（若为具有伸缩节的自由端，则管壁不能传递轴向力，作用于球壳上的轴向水压力将无法平衡），球壳厚度可按内水压力作用下球壳的膜应力来确定并应考虑热加工及锈蚀等余量，补强环与球壳铆接而与主、支管用焊接连接。从理论上讲，球壳在内压力作用下不产生弯矩，但是，在球壳与主、支管连接处由于结构的不连续性仍需用三个补强环进行加固。补强环上的作用荷载有球壳作用力、管壳作用力和补强环直接承受的内水压力，应力求使上述三种力通过补强环断面的形心（以使补强环为一轴心受拉圆环而确保不使断面产生扭转）。球形岔管突然扩大的球体对水流不利，故为改善水流条件常在球壳内设导流板，导流板上设平压孔（因此不承受内水压力而仅起导流作用）。

（五）无梁岔管

无梁岔管是在球形岔管的基础上发展起来的。球形岔管利用球壳改善了结构的受力条件，球壳与主支管圆柱壳衔接处存在结构的不连续性故要加设三个补强环，补强环需要锻造且在与管壳焊接时要预热（球壳一

---

① 陈芳．小型水电站运行与管理［M］．北京：中国电力出版社，2016．

般也要通过加热压制成形，有的球岔在制成后还需进行整体退火，因此工艺复杂），另外补强环与管壳刚度不协调的矛盾仍未解决。鉴于以上叙述，为了改善受力条件可以用直径较大的锥管和球壳沿切线方向衔接，从而使球壳只剩下上、下两个面积不大的三角形，然后在主、支管和这些锥管之间插入几节逐渐扩大的过渡段构成一个比较平顺的、无太大不连续接合线的体形，从而形成无梁岔管。无梁岔管是一种有发展前途的管形，能发挥与围岩共同受力的优点。

除了上述五种岔管外，国外的电站还采用了隔壁岔管。隔壁岔管由扩散段、隔壁段、变形段组成，各级皆为完整的封闭壳体，除隔壁外无其他加强构件，其受力条件很好，水流流态较优且不需要大的锻件。

第四节　水电站地下埋管设计

水电站地下埋管是指埋藏在地下岩层之中的管道，其施工过程是先在岩石中开挖隧洞并清理石碴、进行支护，然后再安装钢管，接着在钢管和岩石洞壁之间回填混凝土，最后再进行接触灌浆。地下埋管在大型水电站中应用较多，根据其轴线方向的不同有斜井和竖井两大类，也常被称为隧洞式压力管道或地下压力管道。①

一、水电站地下埋管的布置要求及工作特点

（一）水电站地下埋管的布置优点

地下埋管是我国大、中型水电站建设中应用最广泛的一种引水管道形式，国外装机容量在1000MW以上的水电站中采用地下埋管的占45%左右，原因是与明敷钢管相比地下埋管有一些突出的优点，这些优点主要表现在以下3个方面。

① 吴关叶，黄维．抽水蓄能电站水库防渗技术[M]．北京：中国水利水电出版社，2020.

1.布置灵活方便

地下埋管由于位于山体内部管线,位置选择较自由,与地面管线相比一般可显著缩短长度。对水电站管道而言,大多数情况下地下地质条件要优于地表并容易选择出地质条件好的线路。在不易修建明敷钢管的地方一般均可以布置地下埋管。通常情况下,地下厂房一般都全部或部分地采用地下埋管形式。另外,由于岩石力学和地下工程设计及施工技术水平的快速提高,修建压力竖井和斜井的技术业已成熟,在有些国家地下埋管的施工条件和费用已开始优于地面管道。

2.钢管与围岩共同承担内水压力从而可减小钢衬厚度

围岩分担内水压力的比例取决于岩石的性质。岩石坚硬、较完整时围岩可承担较大的内水压力(甚至可承担全部内水压力),钢板只起防渗作用。特大容量、高水头管道其 HD 值很大,采用明管技术难于实现,地下埋管就可以使问题迎刃而解。当埋管上覆岩石较薄(＜3D)岩石质量不好时,设计中往往会不考虑岩石的承载能力而仅提高钢衬的允许应力。

3.运行安全

地下埋管的运行不受外界条件影响、维护简单、围岩的极限承载能力一般很高,另外,钢材又有良好的塑性,故管道的超载能力很大。当然,地下埋管也有一些缺点(比如构造比较复杂、施工安装工序多、工艺要求较高、施工条件较差、会增加造价等),另外,由于地下埋管所承受的外压力较大,故其外压稳定问题比较突出。由于围岩承担了一部分荷载,故地下埋管管壁较薄从而节省了钢材,但放空检修、施工期的灌浆压力以及水库蓄水后地下水(外水压力)等很容易造成地下埋管的外压失稳破坏。实践证明,国内、外地下埋管破坏多数为外压失稳破坏。

(二)水电站地下埋管的要求

地下埋管一般多采用联合供水方式(但若管道较短、引用流量较大、机组台数较多、分期施工间隔较长或工程地质条件不易开挖,对大断面洞井经技术经济比较后也可采用两根或更多的管道,用分组供水或单元供水方式向机组输水。相邻两管道之间应有足够的间距以保证其岩体的强度并防止出现失稳情况)。为保证地下埋管施工运行安全,地下管道应布置在坚固完整、地下水位低的岩层中,对拟定管线区域的地质构造(岩石走向、节理裂隙)应进行认真研究以防塌方和岩石脱落,地下施工要考虑出碴和浇筑混凝土的工作环境要求,管道与水平面夹角不宜小于40°。为保证上覆岩层的稳定应留有足够的岩石厚度。洞井的布置方式通常有竖井、斜井和平洞三种,具体实施时应根据工程布置、施工条件、施工机械和施工方法选用。

地下埋管是钢衬、回填混凝土、岩体共同受力的组合结构,其施工程序包括洞井开挖、钢衬安装、混凝土回填和灌浆四个工序。

1. 洞井开挖

洞井开挖应尽量采用光面、预裂爆破或掘进机开挖方式以保持其圆形孔口并使洞壁尽量平整且减少爆破松动影响。要合理选择施工支洞的高程和位置以方便出碴、运输钢衬以及混凝土浇筑(并应考虑将其作为永久排水洞和观测洞)。钢管管壁与围岩间的净空间尺寸应根据施工方法和结构布置(比如开挖、回填、焊接等施工方法以及有无锚固加劲环等)确定,需要在管壁外侧进行焊接的其预留空间为两侧和顶部至少0.5m、底部至少0.6m、加劲环距岩壁至少0.3m。应尽量减少现场管外焊接工作并减小加劲环高度以减少岩石开挖和混凝土回填方量。

2. 钢衬安装

钢衬一般为在工厂制成的一定长度管节,施工中将其运输到洞内用预埋锚件固定,在校正圆度、压缝整平后即可进行焊接。

3. 混凝土回填

钢衬与围岩间回填的混凝土仅起传递径向内压力的作用(而不必承受环向拉力)故其强度等级不必太高(但也不宜低于C15)。混凝土回填的重要关注点是应采用合适的原材料和级配,合理的输送、浇筑和振捣工艺以保证回填混凝土的密实、均匀以及围岩与钢衬的紧密贴合。平管的底部以及止水环和加劲环附近应加强振捣(严禁出现疏松区和空洞区)。混凝土回填的缺陷对钢衬外压稳定非常不利,采用预埋骨料压浆混凝土和微膨胀水泥等常会取得较好效果。

4. 灌浆地下埋管

灌浆分为回填灌浆、接缝灌浆和固结灌浆三类。我国钢管设计规范规定对平洞、斜井应作顶拱回填灌浆(灌浆压力应不小于 0.2MPa 但也不得大于钢管抗外压临界压力);钢管与混凝土衬圈之间如果存在超过设计允许的缝隙时,应进行接缝灌浆(接缝灌浆宜在气温最低的季节施工以减少缝隙值,其灌浆压力不宜大于 0.2MPa 并应保证钢管在灌浆过程中的变形不超过设计允许值);基岩固结灌浆可视围岩情况、内水压力、设计假定、开挖爆破方式等情况确定(其灌浆压力不宜小于 0.5MPa)。灌浆过程中应严密监视及防范钢管失稳等事故(必要时可采取临时支护措施),灌浆后的全部灌浆孔必须严密封闭以防运行时内水外渗造成事故。

二、地下埋管承受内压时的强度计算方法

从结构上看,地下埋管相当于一个圆筒形多层组合结构,目前其结构计算通常基于以下 3 个假定,即结构中的各层材料(钢材、混凝土、岩石等)均处于弹性状态且为各向同性体;钢衬安装后回填混凝土前围岩变形已经充分(故混凝土层和钢衬中不存在初始应力);在钢衬与混凝土以及混凝土和围岩间存在微小的初始缝隙。地下埋管的结构分析方法根据缝隙条件和覆盖围岩厚度的不同,分为钢管与围岩共同承受荷载和由钢管单独承受荷载两种情况。地下埋管单独承担荷载情况的计算与明敷钢管相同。地下埋管共同承担荷载时,地下埋管在内压作用下会发生变形。

地下埋管共同承担荷载时,埋管承受内压后其钢衬会发生径向位移,待缝隙消失后会继续向混凝土衬圈传递内压使混凝土内发生环向拉应力从而在衬圈内产生径向裂缝,然后,内压通过混凝土楔块继续向围岩传递使围岩产生向外的径向位移并形成围岩抗力从而使埋管在内压下得到平衡。如果缝隙是均匀的,岩石又是各向同性的,则地下埋管可认为是对称的组合圆筒结构,在均匀内压下的位移和应力可按平面应变下的相容条件得出其解析解。地下埋管承受内压时的计算包括两个方面(其一是在

已知钢管厚度情况下求钢衬应力 σ_θ，其二是在已知钢衬允许应力的情况下求解钢衬厚度)。在内水压力 p 作用下，设已经开裂的混凝土衬圈与围岩间的径向接触应力为 q，则根据衬圈楔块的力的平衡条件可求得钢衬与衬圈间的接触应力，即

$$p_c=\frac{qr_3}{r_2}$$

钢衬在内压 p 和外压 p 作用下的环向拉应力为

$$\sigma_\theta=(p-p_c)r_1/\delta$$

钢衬的径向位移(离心方向)为

$$\Delta_{st}=\frac{\sigma_\theta r_1}{E'}=\frac{(p-p_c)r_1^2}{E'\theta}$$

式中，$E'=E/(1-\mu^2)$。其中，E 为钢衬的弹性模量；μ 为钢衬的泊松比。混凝土衬圈的楔块仅在径向受到 p_c 及 q 的作用，在混凝土浇筑质量得到保证情况下，其径向压缩位移量通常是很小的(可以忽略不计)，故围岩在内压 q 作用下的径向位移为

$$\Delta_r=q/K$$

式中，K 为围岩的抗力系数。所谓围岩的抗力系数，是指围岩中给定半径的圆形孔口在均匀内压作用下孔周发生 1cm 径向位移值时所需的均匀内压值，其单位为 MPa/cm。工程上常使用单位抗力系数 K_0 代表围岩的抗力系数(是指半径为 100cm 孔口受均匀内压时孔周发生 1cm 的径向位移值时的均匀内压值)，若围岩是线弹性体则 $K=100K_0/r_3$，于是，有

$$\Delta_r=qr_3/100K_0$$

根据钢衬、混凝土衬圈和围岩径向位移必须相容的条件要求，有

$$\Delta_{st}=\Delta+\Delta_r$$

将上述各式代入上式化简，考虑到 $r_2\approx r_1$，因此，有

$$p_c=(\frac{pr_1^2}{E'\delta}-\Delta)/r_1(\frac{r_1}{E'\delta}+\frac{1}{100K_0})$$

$$q=(\frac{pr_1^2}{E'\delta}-\Delta)/r_3(\frac{r_1}{E'\delta}+\frac{1}{100K_0})$$

故可得出钢衬应力的计算公式(或在给定钢管构件抗力限值的情况下求管壁厚度的计算公式),即

$$\sigma_{\theta}=\frac{pr_1+100K_0\Delta}{\delta+100K_0r_1/E'}$$

$$\delta=\frac{pr_1}{\sigma_R}+100K_0(\frac{\Delta}{\sigma_R}-\frac{r_1}{E'})$$

三、影响钢衬应力的因素

对钢衬应力影响比较大的是岩体的特性和初始缝隙,故设计过程中必须对这两个因素进行认真的分析。

(一)围岩单位抗力系数 K_0 的影响分析

设有一地下埋管,其 $r_1=200cm$、$\delta=1.2cm$、$p=2MPa$,则当 $\Delta=0$ 时 K_0 分别等于零(围岩无抗力)及 40MPa/cm(其对应的钢衬应力则由 333MPa 降为 85.5MPa),因此,K_0 值对钢衬的应力分析非常关键。但工程设计中要准确选定 K_0 值非常困难,因为岩体中常存在比较软弱的节理和裂隙,所以岩体本身并不是线弹性各向同性体。① 另外,在实验室中也无法准确确定岩体的参数,故岩体参数只有靠大规模现场试验或工程经验确定。实际工作中可以知道,现场试验成本高,隧洞线路较长,各部分的参数也不尽相同(另外,试验探洞的部位及荷载大小等都对结果有影响),故选用计算参数时要非常谨慎。在确定了岩体的弹性模量 Er 和泊松比 μ_r 后就可以计算单位抗力系数 K_0 了,即

$$K_0=E_r/100(1+\mu_r)$$

(二)初始缝隙值对钢衬应力的影响分析

同样设地下埋管的 $r_1=200cm$、$\delta=1.2cm$,$p=2MPa$,若 $K_0=40MPa/cm$,则 Δ 会由零变为 1mm(对应的钢衬应力也会由 85.5MPa 增加到 171MPa),可见,初始缝隙值 Δ 的变化很大,影响其大小的因素很多

---

① 陈曦,周郊鹏,司政.抽水蓄能电站防震抗震研究[M].北京:中国水利水电出版社,2018.

且相当复杂，不易准确确定。初始缝隙主要由以下三种缝隙组成。

1. 施工缝隙 Δ_0

回填的混凝土在凝固过程中释放出的水化热会使钢衬膨胀，混凝土凝固以后温度恢复正常则混凝土和钢衬均又会发生收缩，从而在钢衬和混凝土以及混凝土与岩石之间形成缝隙。施工缝隙的大小与混凝土的收缩和施工质量有很大关系（且在各工程和钢管的不同部位也都不相同），平洞和坡度较小的斜井在浇筑混凝土时其钢管两侧易于平仓振捣故回填混凝土的质量较易保证（但其顶、底拱部位易形成较大空隙，故施工缝隙会沿管周呈不均匀分布），故减小施工缝隙的有效措施是提高混凝土垫层的浇筑质量以及进行回填与接缝灌浆（一般情况下，若管外混凝土浇筑质量很好并进行了认真的接缝灌浆其 Δ_0 可取 0.2mm）。

2. 岩石的塑性蠕变缝隙 Δ_{rc}

由于岩石不是完全弹性体，在长期反复荷载作用下会有部分变形在卸荷后不能复原而形成残余变形（该残余变形在一定时间内会逐渐增大，其原因是岩体的节理和裂隙在加荷后闭合而卸荷后不能完全复原，这种残余变形称为塑性蠕变缝隙）。塑性蠕变缝隙的大小与岩体的破碎程度有关（完整岩体的残余变形很小。我国一电站埋管围石较好，建成后 5 年之内实测的钢衬应力基本没有变化），对于较破碎的岩体进行固结灌浆以封堵节理和裂隙能有效减小岩体的残余变形。日本东川电站的现场试验表明，岩体的残余变形和弹性变形间存在良好的相关关系，其残余变形可用弹性变形比值 β_r 表示（该电站实测的 $\beta_r = 0.3 \sim 0.6$），即

$$\Delta_{rc} = \beta_r (1 + \mu_r) \frac{r_2 P_c}{E_r}$$

3. 温度收缩缝隙

钢管通水后因水温较低故钢管和围岩会冷却收缩从而与混凝土垫层间形成缝隙。在埋管水压试验稳压阶段的一定时间内钢衬应力会随时间逐渐增大就是由于钢衬和围岩因热交换逐渐冷却而导致，钢衬的径向温降收缩计算公式为

$$\Delta_{st}=\alpha_s(1+\mu_s)\Delta_{ts}r$$

式中，α_s 和 μ_s 分别为钢材的线胀系数和泊松比；Δ_{ts} 为钢衬充水前后的温差。若施工季节选择不当 Δ_{st} 可以达到相当数值。围岩破碎区和开裂的混凝土衬圈温降后缝隙值会增加，其径向变位为

$$\Delta_{rt}=\alpha_r\Delta_{tr}r_1\Delta' r$$

式中，和分别为围岩的线胀系数和岩壁充水前后的温差；为围岩破碎区影响系数。

实际计算中，总缝隙值取上述三种缝隙之和，即

$$\Delta=\Delta_0+\Delta_{st}+\Delta_{rc}$$

但在实际计算中，由于岩性比较复杂，围岩和混凝土衬圈收缩引起的缝隙值通常难以精确确定且数值不大，故一般可以忽略不计。

四、地下埋管的抗外压稳定分析

地下埋管的钢衬也存在外压作用下的失稳问题，国内、外地下埋管发生的事故中钢衬破坏大多是由于受外压失稳造成的(这是因为地下埋管是一种薄壳结构，其承受内压的潜在能力相当高而其抵抗外压的能力却较低。工程运行中，管道放空时其所受外压力值可能远高于大气压力)。地下埋管钢衬所承受的外压力主要有下面三种：①地下水压力。钢衬所受地下水压力值可根据勘测资料选定。根据最高地下水位线确定外水压力值的方法是稳妥的(但常会使设计值过高)。鉴于同时要分析水库蓄水和引水系统渗漏等因素对地下水位的影响，故地下水位线一般不应超过地面。②钢衬与混凝土之间的接缝灌浆压力(接缝灌浆压力一般为 0.2MPa)。③回填混凝土时流态混凝土的压力(其值决定于混凝土一次浇筑的高度，其最大可能值等于混凝土容重乘以一次浇筑高度)。

钢衬承受流态混凝土压力时，因钢衬无约束故类似明敷钢管承受外压，钢衬在承受地下水压力和灌浆压力时则已经受到了混凝土垫层的约束(灌浆压力沿管周是不均布的，地下水压力则可认为是均布的)。埋管钢衬在周围岩石的约束下承受外压力产生变形时与地面钢管有很大不

同，当外压值增加到一定值时钢衬将发生塑性流动从而导致大变形（部分钢衬脱离混凝土，而其余部分钢衬则与混凝土紧密接触，此时钢衬已丧失其使用性能，其相应的外压力即为临界压力。埋管钢衬的临界压力与材料的屈服强度和初始缝隙值直接有关，这是埋管与明敷钢管在外压下失稳的重要区别）。埋管钢衬临界外压力计算方法如下。

（一）光面钢管埋管钢衬临界外压力计算

光面钢管在均匀外水压力作用下的计算公式很多，我国常采用阿姆斯图兹公式（以下简称阿氏公式）。国内、外实际工程的地下埋管失稳破坏和模型试验失稳破坏的实例说明，光面钢管埋管钢衬的破坏形态与阿氏公式假设的变形形态相符，阿氏公式的计算结果比较接近模型试验值，这就是我国钢管设计规范推荐阿氏公式作为主要计算公式的主要原因。阿氏公式假定，当外压超过钢衬临界外压时，一部分的钢衬首先失稳而屈曲成 3 个半波（一个向内、两个向外），在被压屈部分钢衬中的最大应力达到了材料的屈服强度 σ_s，根据以上假定阿姆斯图兹导出了临界外压力的计算公式，即

$$\left(E'\frac{\Delta}{r_1}+\sigma_N\right)\left[1+12\left(\frac{r_1}{\delta}\right)^2\frac{\sigma_N}{E'}\right]^{3/2}=$$

$$3.46\frac{r_1}{\delta}(\sigma_{s0}-\sigma_N)\left(1-0.45\frac{r_1}{\delta}\times\frac{\sigma_{s0}-\sigma_N}{E'}\right)$$

$$P_{cr}=\frac{\sigma_N}{\dfrac{r_1}{\delta}\left[1+0.35\dfrac{(\sigma_{s0}-\sigma_N)}{\delta E'}\right]}$$

式中，σ_N 为钢衬屈曲部分由外压直接引起的环向应力；

$\sigma_{s0}=\sigma_s/\sqrt{1-\mu+\mu^2}$；$E'=E_s/(1-\mu_s{}^2)$。其余符号的含义及单位同前。计算时可由上上式先用试算法求出再由上式求 P_{cr}。如果采用高强度钢，若 $\sigma>0.67\sigma_b$（σ_b，为钢材的极限强度），则采用 $\sigma_s=0.67\sigma_b$。

需要指出的是，影响埋管外压稳定的因素很多且很多因素难于确定（比如外压力的大小和分布；缝隙的大小和分布；钢衬的不圆度和局部缺陷等），因此，理论公式的计算结果只能起参考作用，故初步计算时也可采

用经验公式，即

$$P_{cr}=612(\frac{\delta}{r_1})^{1.7}\sigma_s^{0.25}$$

上式是根据近40个不同国家、不同试验者在不同时期得出的模型试验资料用回归分析方法建立的（其相关性很好），计算时 P_{cr} 和 σs 的单位均采用 N/mm^2。

（二）有加劲环埋管钢衬的临界外压力计算

地下埋管的外压稳定是设计中的主要问题，因此也常常采用增加加劲环的方法来提高稳定性（同时增加在运输和施工时的钢衬刚度）。有加劲环的埋藏式钢管的抗外压稳定计算包括加劲环间管壁的稳定计算和加劲环断面的稳定计算两个方面。

1.加劲环的稳定分析从理论上讲，加劲环断面的稳定分析也可按埋藏式光面管公式进行但需要按加劲环的有效截面进行计算。实际上，加劲环嵌固在混凝土中其向内变形时约束大（很难像光滑管壁那样脱离混凝土向内屈曲），故一般可不考虑加劲环的外压稳定问题而按强度条件对其进行控制（即根据钢衬在外压作用下加劲环内平均压应力不超过材料屈服强度的条件来确定临界压力），即

$$P_{er}=\sigma_s F/(r_1 l)$$

式中，F为加劲环有效截面；l为加劲环间距。其余符号的含义及单位同前。

2.加劲环之间的管壁外压稳定目前，对加劲环之间的管壁外压稳定尚无合理的计算方法，可近似地套用带有加劲环的明管外压稳定计算公式（即认为缝隙值很大，这样偏于安全）。

目前，工程上一般采用下列三项措施来提高钢衬的抗外压稳定性：①降低地下水水压力（是防止钢衬失稳的根本方法，比较广泛采用的是排水廊道结合排水孔的方法）；②精心施工做好钢衬与混凝土之间的灌浆以减小缝隙（但灌浆时要注意鼓包问题，可通过采取临时措施或限制灌浆压力的手段解决）；③解决流态混凝土的外压力稳定问题（可用临时支撑解

决或通过限制浇筑高度的方法解决)。

五、不用钢衬砌的地下管道稳定分析

为节约投资、加快施工进度,取消钢衬是近代埋藏式压力管道设计的一个发展方向,充分利用围岩承担内水压力是其设计的指导思想。地下管道的衬砌形式除钢板衬砌外,还有混凝土及钢筋混凝土衬砌、预应力混凝土衬砌以及具有防渗薄膜的混凝土衬砌等。

(一)混凝土及钢筋混凝土衬砌

混凝土衬砌和钢筋混凝土衬砌在低水头压力管道中应用较多(但若用于高水头情况,在内水压力作用下混凝土衬砌难免开裂,因此应用较少),在高水头情况下防渗和承担内水,压力主要靠围岩,因此,其工作机理与不衬砌隧洞相似。该种情况下,混凝土及钢筋混凝土衬砌只能起到平整洞壁作用,为防渗和承担内水压力围岩必须较新鲜、完整(同时,其原始最小主压应力应不小于该点的内水压强并应有 1.2~1.4 的安全系数以防在充水后围岩被水力劈裂),洞室开挖后的二次应力与充水后的三次应力不但与洞室的尺寸和形状有关而且决定于原始地应力场的情况,因此,确定原始地应力场是地下工程设计的重要内容。小型工程和设计初级阶段由于地质资料不足,原始地应力场难以确定,在这种情况下也可根据岩石的覆盖厚度初步确定管道的位置和线路,挪威经验建议管顶以上岩体的最小覆盖厚度应满足

$$L_r = \frac{K\gamma_w H}{\gamma_r \cos\alpha}$$

式中,L_r 为计算点至岩面的最小距离;γ_w、H 分别为水的容重和计算点的静水压;γ_r、α 分别为岩体容重和山坡倾角;K 为安全系数(可取 1.2~1.4)。其余符号的含义及单位同前。围岩的覆盖厚度除应满足上述要求外还应该是新鲜、完整的(目的是满足防渗要求)。

(二)预应力混凝土衬砌

预应力混凝土衬砌的特点是在管道充水之前在衬砌中施加预压应力

以使管道充水后衬砌中不出现拉应力（或在局部只有很小的拉应力），混凝土衬砌中预压应力的施加方法主要有高压灌浆、钢缆施压、用膨胀混凝土衬砌三种。高压灌浆是指在混凝土衬砌与围岩之间进行的高压灌浆，目的是给衬砌施加预压应力。这种方法简单可靠、应用较广，但要求围岩应新鲜、完整并有足够的厚度。钢缆施压是指在混凝土衬砌外围预设钢缆，待混凝土强度足够后张拉钢缆给衬砌施加预压应力。这种做法安全可靠、对围岩要求不高，但施工复杂、造价较高。用膨胀混凝土衬砌主要利用的是混凝土的膨胀特点，在混凝土凝固过程中因自身膨胀会形成压应力，若围岩不够完整或覆盖厚度不够则可在衬砌靠围岩一侧布置钢筋以使其在衬砌混凝土的膨胀过程中承受拉应力，从而确保混凝土能够形成足够的压应力并减小混凝土膨胀在围岩中引起的应力。①

第五节　水电站混凝土坝体压力管道设计

水电站混凝土坝体压力管道是依附于混凝土坝身的（即埋设在坝体内或固定在坝面上并与坝体成为一体的压力输水管道），其优点是结构紧凑简单、引水长度短、水头损失小、机组调节保证条件好、造价低、运行管理集中方便，其缺点是管道安装会干扰坝体施工、坝内埋管空腔会削弱坝体刚度并使坝体应力恶化。混凝土重力坝和坝内钢管及坝后厂房是应用非常广泛的传统形式，近年来混凝土坝下游面压力管道也得到了普遍应用，混凝土坝坝式水电站采用坝体管道司空见惯，常见的混凝土坝体压力管道主要分为坝内埋管和坝体下游面钢管（坝后背管）两种。

一、坝内埋管设计

坝内埋管的特点是管道穿过混凝土坝体并全部埋在坝体内。

① 邓志刚，周英华．小型水电站计算机监控实用技术［M］．郑州：黄河水利出版社，2016.

(一)坝内埋管的布置

坝内埋管在坝体内的布置原则是尽量缩短管道长度;减少管道空腔对坝体应力的不利影响(特别应减少因管道引起的坝体内拉应力区的范围和拉应力值);减少管道对坝体施工的干扰并有利于管道本身的安装和施工。在立面上,坝内埋管有三种典型的布置形式。

1.倾斜式布置

管轴线与下游坝面近于平行并尽量靠近下游坝面。其优点是进水口位置较高、承受水压小(有利于进水口的各种设施布置);管道纵轴与坝体内较大的主压应力方向平行(可以减轻管道周围坝体的应力恶化);与坝体施工干扰较少。其缺点是管道较长、弯段较多,另外,管道与下游坝面间的混凝土厚度较小。

2.平式和平斜式布置

管道布置在坝体下部。其优缺点与倾斜式布置相反。对拱坝,当坝体厚度不大而管径却较大时常采用这种布置方式。

3.铅直式布置

管道的大部分铅直布置。这种布置通常适用于坝内厂房(或为避免钢管安装对坝体施工的干扰在坝体内预留竖井,后期再在井内安装钢管)。其缺点是管道曲率大、水头损失大,另外,管道空腔对坝体应力不利。在平面上,坝内埋管最好布置在坝段中央且管径不宜大于坝段宽度的1/3,管外两侧混凝土较厚且受力对称。通常在这种情况下,厂坝之间会有纵缝,厂房机组段间横缝与坝段间的横缝也应相互错开。若坝与厂房之间不设纵缝而厂坝连成整体时,由于二者横缝也必须在一条直线上,故管道在平面上不得不转向一侧布置,这时钢管两侧外包混凝土的厚度也将不同。

若坝内埋管(以及其他形式的坝体管道)采用坝式进水口则其布置和设施必须满足进水口的所有要求,进水口的拦污栅一般应布置在坝体悬臂上以增加过水面积,检修闸门及工作闸门槽通常应布置在坝体内,紧接门槽后应是由矩形变为圆形的渐变段(然后接管道的上水平段或上弯段。

有时渐变段也可与上弯段合并而由渐变段直接连接斜直段)。进水口位于坝体内时过水断面较大故宜做成窄高型,渐变段要尽量短以便能较快过渡到圆形断面(这样有利于闸门结构及坝体应力)。应注意保证通气孔的必要面积和出口高程及合理位置(以免进气时产生巨大吸入气流而影响通气孔出口附近设备及运行人员安全),应使进口处所设充水阀和旁通管面积不太大(以免充水时从通气孔向外溢水和喷水从而影响厂坝之间电气设备的正常运行)。

(二)坝内埋管的结构计算

坝内埋管的结构计算可以用有限元方法或近似解析法,有限元方法大家可参阅相关著作,本书主要介绍简单、实用的近似解析法。近似解析法从与管道轴线方向垂直的平面内截取单位厚度并假定其属于轴对称平面应变问题,然后根据钢管、钢筋和混凝土的变形协调关系推导出计算公式,其计算步骤如下。

1. 判断混凝土的开裂情况

在内水压力作用下钢管外围混凝土可能有未开裂、开裂但未裂穿、裂穿三种情况。首先假定钢管的壁厚 δ 和外围钢筋的数量(计算中应将钢筋折算成连续的壁厚 δ_3)判别混凝土的开裂情况。若混凝土未裂穿则可由下式进一步推求混凝土的相对开裂深度 $\psi=r_4/r_5$,即

$$\psi=\frac{1-\psi^2}{1+\psi^2}\{1+\frac{E'}{E'_c}(\frac{\delta}{r_0}+\frac{\delta_3}{r_3})[\ln(\psi\frac{r_5}{r_3})+\frac{1+\psi^2}{1-\psi^2}+\mu' c]\}=\frac{p-E'\Delta\delta/r_0^2}{\sigma_{ct}}\times\frac{r_0}{r_5}$$

式中,$E'=E_s/(1-\mu^2)$;$E'_c=E_c/(1-\mu_c{}^2)$;$\mu_c=\mu_c/(1-\mu_c)$;p 为内水压强;r_0、r_3 分别为钢管和钢筋层半径;E、μ_c 分别为钢材的弹性模量和泊松比;E、μ_c 分别为混凝土的弹性模量和泊松比;σ_{ct} 为判断混凝土开裂的拉应力取值;Δ 为钢管与混凝土间的缝隙。其余符号的含义及单位同前。上式中的 ψ 有双解时应取其小值,若 $\psi<(r_0/r_5)$ 则表示混凝土未开裂;若 $\psi>1$ 则表示混凝土已裂穿。ψ 可通过试算法(即逐渐趋近法)求解,也可通过查压力钢管设计规范中的相关曲线获得。

2.计算各部分应力

(1)混凝土未开裂时各部分的应力情况。混凝土分担的内水压强为

$$p_1=\{p-\frac{E'\Delta\delta}{r_0^2}\}/\{1+\frac{E'\delta}{E'r_0}(\frac{r_5^2+r_0^2}{r_5^2-r_0^2}+\mu_c')\}$$

混凝土内缘的环向应力为

$$\sigma_c=\frac{p_1(r_5^2+r_0^2)}{r_5^2+r_0^2}$$

钢筋的应力为

$$\sigma_3=\frac{E_s}{E_c}\sigma_c$$

钢管的环向应力为

$$\sigma_1=\frac{(p-p_1)r_0}{\delta}$$

(2)混凝土未裂穿时各部分的应力情况。混凝土部分开裂时的钢筋应力为

$$\sigma_3=\frac{E'r_s}{E'_c r_3}[\sigma_1]\{m\{1n(\psi\frac{r_s}{r_3})+n]\}$$

式中，$m=\psi\frac{1-\psi^2}{1+\psi^2}$；$n=\frac{1+\psi^2}{1-\psi^2}+\mu'c$

钢管的环向应力为

$$\sigma_1=\frac{\sigma_3 r_3}{r_0}+\frac{E'\delta}{r_0}$$

(3)混凝土裂穿时各部分的应力情况。此时混凝土已不能参与承载活动，钢管传给混凝土的内水压强为

$$p_1=\{p-\frac{E'\Delta\delta}{r_0^2}\}/\{1+\frac{r_3\delta}{\delta_3 r_0}\}$$

钢管的环向应力为

$$\sigma_1=(p-p_1)r_0/\delta$$

钢筋的环向应力为

$$\sigma_3=P_1r_0/\delta_3$$

上述计算是内水压力作用下的基本应力计算。除此以外，坝体荷载也会在孔口周围产生附加环向应力。故应将这两种作用产生的环向应力叠加后再进行配筋计算(若求出的钢筋数量不超过并接近假定的钢筋数量则认为满足要求。否则应重新假定钢筋数量再重复进行上述计算，直到满意为止)。

(三)坝内埋管钢衬的抗外压稳定性计算

坝内埋管钢衬抗外压失稳分析的原理和方法与地下埋管钢衬相同。坝内埋管钢衬的外压荷载主要有外水压力、施工时流态混凝土压力和灌浆压力等。计算时，施工期临时荷载不宜作为设计控制条件(而应靠加设临时支撑、控制混凝土浇筑高度等工程措施解决)。钢衬所受外水压力来源于从钢衬始端沿钢衬外壁向下的渗流(可假定渗流水压力沿管轴线直线变化)。为安全考虑，钢衬最小外压力应不小于 0.2MPa。钢衬上游段承受的内压值小、管壁薄但钢衬外渗流水压大，故是抗外压失稳的重点(应该在钢衬首端采取阻水环等防渗措施，并在阻水环后设排水措施，这样可比较有效地降低钢衬外渗压)。接缝灌浆可减小缝隙也有利钢衬抗外压失稳。从各国的应用情况看，坝内埋管钢衬在放空时外压失稳的事故比较少见。①

二、坝后背管设计

为解决钢管安装与坝体混凝土浇筑的矛盾，一些大型坝后式水电站将钢管布置在混凝土坝的下游坝面上从而形成下游面管道(或称坝后背管)，下游面管道除进水口后一小段管道穿过坝体外，其主要部分均沿坝下游面铺设。与坝内埋管比，下游面管道的优点是便于布置；可减少管道空腔对坝体刚度的削弱(有利于坝体安全)；坝体施工不受管道施工及安装的干扰(可提高坝体施工质量、加快施工进度、提前发电)；管道可随机

① 高普新，马韧韬，杨旭. 高水头电站调节保证计算分析研究[M]. 郑州：黄河水利出版社，2018.

组投产的先后分期施工(有利于合理安排施工进度、减少投资积压,机组台数较多时其效益更为显著)。混凝土坝下游面管道有两种结构形式,即坝下游面明敷钢管和坝下游面钢衬钢筋混凝土管。

(一)坝下游面明敷钢管

坝下游面明敷钢管的优点是现场安装工作量小、进度快、对坝体施工干扰小。其缺点是当钢管直径和水头很大时会引起钢管材料和工艺上的技术困难,另外,敷设在下游坝面上的明管一旦失事其水流将直冲厂房,后果严重。

(二)坝下游面钢衬钢筋混凝土管

该类管道是内衬钢板外包钢筋混凝土的组合结构,通常用坝下游面的键槽及锚筋与坝体固定,其钢衬与外包混凝土间布设垫层紧密结合(二者共同承受内水压力等荷载)。这种管道结构的优点是管道位于坝体外、允许管壁混凝土开裂(从而可使钢衬和钢筋充分发挥其承载作用);钢筋承载减少了钢板厚度(因而也避免了采用高强钢引起的技术和经济问题);环向钢筋接头是分散的,故工艺缺陷不会集中(因而可避免钢管材质及焊缝缺陷引起的集中破裂口带来的严重后果);减少了外界因素对管道破坏的可能性且在严寒地区有利于管道的防冻。

第六章　水电站经营管理

第一节　经济技术指标

一、安全生产指标

(一)人身事故

1.人身事故内容

(1)工作场所或承包承租承借的工作场所发生的人身伤亡。

(2)被单位派出到用户工程工作过程中发生的人身伤亡。

(3)乘坐单位组织的交通工具发生的人身伤亡。

(4)单位组织的集体外出活动过程中发生的人身伤亡。

(5)员工因公外出发生的人身伤亡。

2.人身事故种类

(1)特别重大人身事故:一次事故造成30人以上死亡,或者100人以上重伤(包括生产性急性中毒,下同)者。

(2)重大人身事故:一次事故造成10人以上、30人以下死亡,或者50人以上、100人以下重伤者。

(3)较大人身事故:一次事故造成3人以上、10人以下死亡,或者10人以上、50人以下重伤者。

(4)一般人身事故:一次事故造成3人以下死亡,或者10人以下重伤者。

(二)电网事故

电力生产或者电网运行过程中发生的影响电力系统安全稳定运行或

者影响电力正常供应的事故。

1.特别重大电网事故

(1)造成区域性电网减供负荷30%以上者。

(2)造成电网负荷20000MW以上的省(自治区)电网减供负荷30%以上者。

(3)造成电网负荷5000MW以上、20000MW以下的省(自治区)电网减供负荷40%以上者。

(4)造成直辖市电网减供负荷50%以上,或者60%以上供电用户停电者。

(5)造成电网负荷2000MW以上的省(自治区)人民政府所在地城市电网减供负荷60%以上,或者70%以上供电用户停电者。

2.重大电网事故

(1)造成区域性电网减供负荷10%以上、30%以下者。

(2)造成电网负荷20000MW以上的省(自治区)电网减供负荷13%以上、30%以下者。

(3)造成电网负荷5000MW以上、20000MW以下的省(自治区)电网减供负荷16%以上、40%以下者。

(4)造成电网负荷1000MW以上、5000MW以下的省(自治区)电网减供负荷50%以上者。

(5)造成直辖市电网减供负荷20%以上、50%以下,或者30%以上、60%以下的供电用户停电者。

(6)造成电网负荷2000MW以上的省(自治区)人民政府所在地城市电网减供负荷40%以上、60%以下,或者50%以上70%以下供电用户停电者。

(7)造成电网负荷2000MW以下的省(自治区)人民政府所在地城市电网减供负荷40%以上,或者50%以上供电用户停电者。

(8)造成电网负荷600MW以上的其他设区的市电网减供负荷60%以上,或者70%以上供电用户停电者。

3. 较大电网事故

(1)造成区域性电网减供负荷 7%以上、10%以下者。

(2)造成电网负荷 20000MW 以上的省(自治区)电网减供负荷 10%以上、13%以下者。

(3)造成电网负荷 5000MW 以上、20000MW 以下的省(自治区)电网减供负荷 12%以上、16%以下者。

(4)造成电网负荷 1000MW 以上、5000MW 以下的省(自治区)电网减供负荷 20%以上、50%以下者。

(5)造成电网负荷 1000MW 以下的省(自治区)电网减供负荷 40%以上者。

(6)造成直辖市电网减供负荷 10%以上、20%以下,或者 15%以上、30%以下供电用户停电者。

(7)造成省(自治区)人民政府所在地城市电网减供负荷 20%以上、40%以下,或者 30%以上、5C%以下供电用户停电者。

(8)造成电网负荷 600MW 以上的其他设区的市电网减供负荷 40%以上、60%以下,或者 50%以上、70%以下供电用户停电者。

(9)造成电网负荷 600MW 以下的其他设区的市电网减供负荷 40%以上,或者 50%以上供电用户停电者。

(10)造成电网负荷 150MW 以上的县级市电网减供负荷 60%以上,或者 70%以上供电用户停电者。

(11)因安全故障而造成全厂(站)对外停电,导致周边电压监视控制点电压低于调度机构规定的电压曲线值 20%并且持续时间 30min 以上,或者导致周边电压监视控制点电压低于调度机构规定的电压曲线值 10%并且持续时间 1h 以上者。

(12)发电机组因安全故障停止运行超过行业标准规定的大修时间两周,并导致电网减供负荷者。

4. 一般电网事故

(1)造成区域性电网减供负荷 4%以上、7%以下者。

(2)造成电网负荷20000MW以上的省(自治区)电网减供负荷5%以上、10%以下者。

(3)造成电网负荷5000MW以上、20000MW以下的省(自治区)电网减供负荷6%以上、12%以下者。

(4)造成电网负荷1000MW以上、5000MW以下的省(自治区)电网减供负荷10%以上、20%以下者。

(5)造成电网负荷1000MW以下的省(自治区)电网减供负荷25%以上、40%以下者。

(6)造成直辖市电网减供负荷5%以上、10%以下,或者10%以上、15%以下供电用户停电者。

(7)造成省(自治区)人民政府所在地城市电网减供负荷10%以上、20%以下,或者15%以上、30%以下供电用户停电者。

(8)造成其他设区的市电网减供负荷20%以上、40%以下,或者30%以上、50%以下供电用户停电者。

(9)造成电网负荷150MW以上的县级市电网减供负荷40%以上、60%以下,或者50%以上、70%以下供电用户停电者。

(10)造成电网负荷150MW以下的县级市电网减供负荷40%以上,或者50%以上供电用户停电者。

(11)发电厂或者220kV以上变电站因安全故障造成全厂(站)对外停电,导致周边电压监视控制点电压低于调度机构规定的电压曲线值5%以上、10%以下并且持续时间2h以上者。

(12)发电机组因安全故障停止运行而超过行业标准规定的小修时间两周,并导致电网减供负荷者。

(三)设备事故

设备事故指电力生产、电网运行过程中发生的发电设备或输变电设备、管道、厂房、建筑物、构筑物、仪器、通信、动力、运输等设备或设施因非正常损坏造成停产或效能降低，直接经济损失超过规定限额的行为或事件。[①]

1. 特别重大设备事故

(1)造成1亿元以上直接经济损失者。

(2)压力容器、压力管道有毒介质泄漏，造成15万人以上转移者。

2. 重大设备事故

(1)造成5000万元以上、1亿元以下直接经济损失者。

(2)压力容器、压力管道有毒介质泄漏，造成5万人以上15万人以下转移者。

3. 较大设备事故

(1)造成1000万元以上、5000万元以下直接经济损失者。

(2)压力容器、压力管道爆炸者。

(3)压力容器、压力管道有毒介质泄漏，造成1万人以上、5万人以下转移者。

(4)起重机械整体倾覆者。

4. 一般设备事故

(1)造成100万元以上、1000万元以下直接经济损失者。

(2)特种设备事故造成1万元以上、1000万元以下直接经济损失者。

(3)压力容器、压力管道有毒介质泄漏，造成500人以上、1万人以下转移者。

(4)电梯轿厢滞留人员2h以上者。

(5)起重机械主要受力结构件折断或者起升机构坠落者。

(四)信息系统事件

对计算机系统或网络系统的可用性、完整性、保密性、真实性、可核查性和可靠性造成危害的事件，或者在计算机系统或网络系统中发生的对

---

① 杨昆. 跨行政区水电站库区环境管理体制机制研究[M]. 北京：社会科学文献出版社，2020.

社会造成负面影响的其他事件。

二、经济效益指标

(一)水能利用提高率

水能利用提高率是反映水电经济运行和电网节能调度水平的综合指标。指以当年来水按照调度图预测电量为基准,统计时段内水电厂实际发电量与考核发电量之差加上时段末实际水位与评定水位之间的库容差电量,与考核发电量的比值。若统计时段末实际水位高于评定水位,则库容差电量为正值;反之,则为负值。水能利用提高率的计算方法为

$$\text{水能利用提高率}=\frac{\text{统计时段实际发电量}-\text{统计时段考核发电量}\pm\text{统计时段末库容差电量}}{\text{统计时段考核发电量}}\times 100\%$$

(二)发电利用小时数

发电利用小时数指统计期实际发电量与平均容量的比值,是反映发电设备生产能力利用程度及其水平的指标。

发电利用小时数的计算方法为

$$\text{发电利用小时数}=\frac{\text{统计期实际发电量}}{\text{统计期平均容量}}$$

(三)发电计划完成率

发电计划完成率指统计期发电量与同期计划发电量的比值。

发电计划完成率的计算方法为

$$\text{发电计划完成率}=\frac{\text{统计期发电量}}{\text{同期计划发电量}}\times 100\%$$

三、设备管理指标

(一)等效可用系数

等效可用系数指机组可用小时与降出力等效停运小时的差值与统计期日历小时的比值。

等效可用系数的计算方法为

$$等效可用系数=\frac{可用小时-降出力等效停运小时}{统计期日历小时}\times 100\%$$

式中，可用小时指机组处于可用状态的小时数，为运行小时与备用小时之和；降出力等效停运小时指机组降低出力小时数折合成按容量计算的停运小时数。

$$等效可用系数定额完成率=\frac{等效可用系数实际值}{等效可用系数定额值}\times 100\%$$

$$等效可用系数定额值=\frac{\Sigma(机组等效可用系数考核基础值\times 机组容量\times P)}{\Sigma 机组容量}\times 100\%$$

$$等效可用系数实际值=\frac{\Sigma(机组等效可用系数\times 机组容量)}{\Sigma 机组容量}\times 100\%$$

(二)机组等效强迫停运率

机组等效强迫停运率指统计期内强迫停运小时加上降出力等效停运小时之和与强迫停运小时加上运行小时之和的比值。

机组等效强迫停运率的计算方法为

$$等效强迫停运率=\frac{强迫停运小时+降出力等效停运小时}{强迫停运小时+运行小时}\times 100\%$$

(三)自动开机成功率

自动开机成功率指统计期间机组按调度令、从控制室进行自动开机、并网一次成功的次数(开机过程中不需要任何的人工辅助，按设定程序自动完成)与自动开机总次数的比值。

自动开机成功率的计算方法为

$$自动开机成功率=\frac{机组自动开机成功次数}{机组自动开机次数}\times 100\%$$

(四)继电保护及安全自动装置正确动作率

继电保护及安全自动装置正确动作率指统计期间水电厂主设备(机组、主变压器、高压开关站及出线)投入的继电保护和安全自动装置正确动作的次数与总动作次数(包括正确动作的次数、误动次数和拒动次数)的比值。

继电保护及安全自动装置正确动作率的计算方法为

$$继电保护及安全自动装置正确动作率=\frac{正确动作的次数}{正确动作的次数+误动次数+拒动次数}\times 100\%$$

(五)AGC投入率

AGC(自动发电控制)投入率指电厂统计期间内累计AGC功能投入时间与统计期间时间总和的比值,反映电厂AGC控制功能的可靠程度。

AGC投入率的计算方法为

$$AGC投入率=\frac{统计期间内累计AGC功能投入时间}{统计期间时间总和}\times 100\%$$

(六)综合厂用电量

综合厂用电量指统计期内发电量与售电量的差值,反映有多少电量没有供给电网。

综合厂用电量的计算方法为

$$综合厂用电量=发电量+购网电量-上网电量$$

(七)综合厂用电率

综合厂用电率指统计期内综合厂用电量与发电量的比值。

综合厂用电率的计算方法为

$$综合厂用电量=发电量=购网电量-上网电量$$

四、大坝管理指标

(一)大坝状态

水电大坝运行实行评级、安全注册制度。大坝安全等级分为正常坝、病坝和险坝三级。大坝安全注册等级分为甲、乙、丙三级。大坝中心根据大坝的安全状况及管理水平,办理大坝安全注册登记证。符合安全注册条件的正常坝,根据管理实绩考核情况,颁发甲级登记证或者乙级登记证;符合安全注册条件和管理实绩考核要求的病坝,颁发丙级登记证;大坝定期检查被评定为险坝的,不予注册。

(二)水情自动测报系统畅通率

水情自动测报系统畅通率指在统计期内,中心站收到正确数据的遥测站点总数与向中心站发送的水文数据的遥测站点总数的比值。

水情自动测报系统畅通率的计算方法为

$$畅通率=\frac{系统内遥站点总数-不畅通站点数}{向中心站发送的遥测站点总数}\times 100\%$$

(三)洪水预报平均准确率

洪水预报平均准确率是指统计期内各场次洪水预报准确率之和与洪水总场次之比。

洪水预报平均准确率的计算方法为

$$洪水预报平均准确率=\frac{\sum_1^n 各场次洪水预报准确率}{洪水总场次}\times 100\%$$

$$\begin{aligned}各场次洪水预报准确率&=100\%-|洪水预报相对误差|\\&=100\%-\left|\frac{预报值-实测值}{实测值}\right|\times 100\%\end{aligned}$$

第二节　固定资产管理

一、定义和原则

固定资产是指为生产商品、提供劳务、出租或经营管理而持有的、使用寿命超过一个会计年度的有形资产。

固定资产管理原则:统一政策,分级管理;完善制度,落实责任;业务协调,信息集成;优化配置,物尽其用;创新管理,持续完善。

财务部门承担固定资产的价值管理职能,各部门按专业分工承担固定资产的实物管理职能,固定资产的具体使用、运行、维护、保管部门承担固定资产的使用保管管理职能，按“谁使用，谁保管”的原则，将固定资产的实物保管责任落实到专人，并设立固定资产登记簿。

二、固定资产目录和折旧

制定统一的固定资产目录。固定资产目录列示固定资产分类、固定资产名称、折旧年限和净残值率等内容，根据多维精益管理体系变革的要求，明确核心资产的重要组成范围。

建立固定资产目录的动态管理机制，根据新技术、新设备应用情况，并综合考虑资产财务管理与设备生产管理等需要，组织固定资产目录的调整、完善工作。

固定资产原则上采用年限平均法计提折旧，结合本地区经济发展水平、设备实际情况等因素合理确定各类固定资产折旧年限。

实物管理部门对实施技术改造的资产，应在改造完成后综合考虑设备健康状况等因素，对其继续使用的年限进行评估。

三、固定资产变动

固定资产变动指固定资产的增加、减少和出租(指经营性租赁)。其中，固定资产增加包括购建(基本建设、技术改造和零星购置)、投资者投入、融资租入、债务重组取得、接受捐赠、调入、根据行政命令接受、盘盈及其他途径增加；固定资产减少包括固定资产的转让(出售、以资抵债和对外捐赠，但不包括已报废固定资产的残值处理)、以固定资产对外投资、盘亏、损毁、报废、调拨、根据行政命令调整等。

新增固定资产必须履行资产实物交接验收程序，建立完整、准确的固定资产卡片，确保账、卡、物一致。

固定资产转让由实物管理等相关部门申请固定资产转让审批，连同有关决策材料、合同、协调、单证等，报送财务部门办理固定资产清理手续。

固定资产置换视同一项连续的固定资产转让及购置行为，比照固定资产转让及购置的管理权限和程序进行管理。[①]

发生固定资产盈亏，使用保管部门要负责查明原因，申请固定资产盈亏审批，报送财务部门办理固定资产清理手续。

固定资产调拨应履行同定资产调拨审批程序，交财务部门入账。

固定资产出租应当按照有关法律法规与承租人签订书面租赁合同。出租的租金应根据资产质量、运行状态、使用情况等合理确定，租金标准应以资产价值为基础。

生产运行中的固定资产由于自身性能、技术、经济性等原因退出运行或使用状态的，应组织进行技术鉴定，根据技术鉴定结果确定再利用或报废处置。固定资产报废审批履行报废审批程序，报送财务部门办理固定资产清理手续。固定资产在下列情况可作报废处理。

第一，运行日久，其主要结构、机件陈旧，损坏严重，经鉴定再给予大修也不能符合生产要求；或虽然能修复但费用太大，修复后可使用的年限不长，效率不高，在经济上不可行。

第二，腐蚀严重，继续使用将会发生事故，又无法修复。

第三，严重污染环境，无法修治。

第四，淘汰产品，无零配件供应，不能利用和修复；国家规定强制淘汰报废；技术落后不能满足生产需要。

第五，存在严重质量问题或其他原因，不能继续运行。

第六，进口设备不能国产化，无零配件供应，不能修复，无法使用。

第七，因运营方式改变而全部或部分拆除，且无法再安装使用。

第八，遭受自然灾害或突发意外事故，导致损毁，无法修复。

四、固定资产保险管理

根据生产、经营、建设的实际需要，结合对相关风险的分析判断，在确保资产安全稳定运行基础上，科学投保，合理确定投保资产范围及投保

① 袁平顺，周强，肖厚云. 大型水电站地下洞室群开挖技术与围岩稳定控制[M]. 成都：四川大学出版社，2020.

险种。

投保财产遭遇自然灾害或发生意外事故时，固定资产的使用保管部门应立即报告，向保险公司报案。对于火灾、爆炸、盗窃等事件，应及时向消防、公安等部门报案。

投保财产出险后，应采取必要、合理的措施防止损失进一步扩大。督促保险公司开展现场勘查、定损理算等工作，做好保险索赔资料准备，确保保险责任范围内的财产损失得到及时、合理赔付。

五、固定资产日常管理

根据固定资产目录和有关要求，建立设备台账及固定资产卡片，及时做好台账及卡片信息维护工作，确保台账及卡片信息准确反映资产初始和后续变动有关情况。

根据国家有关不动产登记管理的规定，规范做好有关固定资产权属登记和变更管理工作，确保资产权属清晰、完整、有效。

按照“谁使用，谁保管”原则，落实管理责任部门和责任人，规范管理程序，保证资产的安全完整和正常运行，防止资产损失。由于管理不善而造成固定资产盘亏、损毁的，应追究有关责任人的责任。

固定资产使用保管人辞职、调离岗位、离退休，应在办理离职手续前，将其保管使用的固定资产移交完毕。使用保管部门负责人监交。

固定资产实物管理和使用保管部门应对固定资产实行跟踪管理，全面了解和掌握固定资产的分布、使用情况和质量状况，对闲置、低效、无效等固定资产提出处理意见。

对固定资产实行委托运营的，资产的使用保管职责可全部或部分交由受托方履行，但价值管理和实物管理仍由委托方负责，不得因委托运营而导致固定资产管理职能的弱化或虚置。

委托单位应当与受托单位签订委托协议，协议应当对双方在资产管理方面的权利义务明确约定。

建立健全固定资产清查机制，每年组织对固定资产进行全面或局部的清查盘点，保证账、卡、物一致。

第三节　项目管理

一、项目分类

(一)生产大修项目

生产大修项目指为恢复资产(包括设备、设施以及辅助设施等)原有形态和能力,按项目制管理的修复性工作。水电生产大修不增加固定资产原值,是一种损益性支出。

(二)生产技改项目

生产技改项目指利用成熟、先进、适用的技术、设备、工艺和材料等,对现有水电生产设备、设施及相关辅助设备、设施等资产进行更新、完善和配套,提高其安全性、可靠性、经济性和满足智能化、节能、环保等要求。水电生产技术改造投资形成固定资产,是一种资本性支出。

(三)生产运维项目

生产运维项目指按年度计划对生产性设施设备进行运行维护的项目。

(四)财务专项项目

财务专项项目指通过财务成本支出的,与生产设备无关(除检测、调查等),不产生固定资产,与职工福利等不相关的项目。包括财务常规性项目和专项费用类项目。

(五)研究开发项目

研究开发项目指用于技术研究、群众性创新、“五小”(小发明、小创造、小革新、小设计、小建议)创新等研发用的项目。

二、立项原则

(一)生产大修项目

生产大修项目必须针对单一项目单位,同一项目单位内部的生产大修项目可按站或同类设备立项，不允许将一个独立项目（同一台设备）分解成几个项目。水电生产大修范围包括发电（电动）机、（水泵）水轮机、电气一次设备、主进水阀系统、闸门系统、金属结构、水情自动测报及水调自动化系统、计算机监控系统、继电保护及其安全自动装置、励磁系统、调速系统、SFC（静止变频器）系统、直流系统、调度通信系统、消防系统、五防［防止误分、合断路器；防止带负荷分、合隔离开关；防止带电挂（合）接地线（接地开关）；防止带接地线（接地开关）合断路器；防止误入带电间隔］系统、水工建筑物、生产建（构）筑物辅助及附属设施、安全技术劳动保护设施、环境保护设施、监测装置、视频监控系统等。

（二）生产技改项目

为确保水电生产技改项目实施目标的统一完整，水电厂水轮机、发电机、主变压器等主设备改造工程及其配套工程（含土建）应作为一个项目，不得将一个独立项目分解为几个项目。水电生产技改项目必须针对单一项目单位，同一项目单位内部的技改项目可按站或同类设备立项。

（三）生产运维项目

生产运维项目只针对生产设备运行、维护，涉及生产设备的日常维护、养护等，不发生大修、改造等内容。

（四）财务专项项目

财务专项项目是指与生产设备无关（除检测、调查等，生产设备修缮内容不可列）；不产生固定资产（含有形和无形）；与职工福利等不相关；研究开发、前期费用（注意费用出处明确）、管理用房修缮、检测调查等近年无类似项目。

（五）研究开发项目

研究开发项目主要是针对列入上级综合计划的技术研究、群众性创新等类型的项目进行立项。

三、规划及储备

（一）项目滚动规划

项目滚动规划实行常态化动态管理，滚动年份为5年，编制应充分考虑各类专项整改、缺陷隐患治理、检测报告意见、生产现场实际需求、新技术应用、科技创新、安全文明环境提升等方面的项目立项需求。

(二)项目储备

项目储备编制原则上依据滚动规划入库的项目，但可根据实际需求增加项目。项目责任部门在填报各类储备表时应明确项目负责人。

(三)计划下达

工程项目计划文件(包括计划文、预安排文、财务预算文等)下达后，应进一步明确项目负责人、技术负责人、验收组长，并编制完成项目实施进度节点计划，每月进行节点维护。①

(四)初步设计阶段

编制可研报告的项目(除机组检修)应编制初步设计，其他水电生产大修或技改项目可不编制初步设计，直接编制施工图设计。

(五)施工图设计阶段

在项目初步设计评审意见下达且工程全部设备材料技术参数确定后30天内，设计方应交付经有关主管部门或机构审查通过的且加盖公章的整套施工图设计文件。整套施工图设计文件应包含施工图设计总说明、施工图纸目录、主要设备、材料清单、工程施工图预算。

四、实施管理

(一)开工准备

1.项目负责人应在开工前向项目承包单位、监理单位提供满足施工需要的设计图纸和技术文件，如技术方案、工程量清单、施工图等资料。

2.项目负责人应在开工前督促项目承包单位提交开工报审材料。

3.项目负责人应在开工前组织各参建方召开设计交底、施工图会检及第一次工地例会。

4.项目负责人应督促项目承包单位工作负责人或工作签发人按照

---

① 王森，李善综，石赟赟，等.梯级水电站群多核并行优化调度技术[M].北京：中国水利水电出版社，2017.

《电力建设安全工作规程》规定，在三措一案（组织措施、技术措施、安全措施、施工作业方案）编制前组织开展现场勘察。

5.要求监理的项目，在监理合同签订后，项目负责人应向监理单位发出监理入场通知单，监理单位收到监理通知后报送监理项目机构及人员安排的报告。

6.在项目开工前应落实好现场作业人员安全准入工作，未落实不得开工。

7.项目负责人应在开工前对项目承包单位、监理单位现场人员进行安全技术措施交底。

（二）分包管理

项目承包单位进行专业分包或劳务分包的，应随同开工报审材料，依照项目工程项目承发包合法合规性向项目负责人报送分包资料。

项目责任部门、项目承包单位应加强对分包工程的安全、质量监督与管理。并在分包工程完工后根据有关供应商管理办法对分包商的履约情况进行评价，纳入供应商评价管理。

（三）开工令签发

具备开工条件后，项目有监理的，在项目承包单位做好开工准备，经项目负责人现场勘察确认并做好安全技术交底，项目承包单位提交工程开工申请，由监理单位在征得项目负责人同意后发出开工令。项目若无监理，则由项目负责人签发开工令。

（四）过程质量验收

1.项目承包单位做好工程检验批材料、隐蔽验收材料、关键性工序施工记录材料（如影像资料等）、现场过程签证，并报送监理单位审核，监理单位审核报送项目负责人。

2.监理单位做好监理日志、监理旁站记录、监理抽样记录、隐蔽验收记录，报送项目负责人。

（五）进度管控

当项目进度产生偏差时，项目责任部门、监理单位应负责监督项目承包单位进行项目进度纠偏，必要时对照合同执行违约考核条款。

五、验收及归档

1. 项目实施完成后，承包单位应提交项目竣工资料、提出验收申请，有监理的项目，项目承包单位向监理单位提交竣工资料，监理单位审核整理后连同监理资料提交项目负责人。项目负责人在收到验收申请、竣工资料后履行竣工验收审批程序。

2. 验收后需整改的，应在验收单上明确整改期限，并督促项目承包单位限期提供整改反馈书面材料。

3. 项目负责人按照竣工验收资料编制的相关要求，组织编制项目竣工资料，提交档案管理人员，完成归档工作。

第四节　合同管理

一、合同起草

1. 合同承办部门确定合同对方当事人应当采取招标、竞争性谈判、询价、单一来源采购、拍卖、直接委托或法律法规允许的其他方式。

2. 在确定合同对方当事人时，合同承办人应对合同对方当事人的主体资格和资信状况进行审查，确保其具备履约能力并符合资格要求。

3. 合同文本由承办部门负责起草。原则上以合同承办部门为主起草合同；合同由对方起草的，承办部门应对合同文本进行审核确认，再由承办人发起会签流转。

4. 合同标的涉及作品、发明、实用新型、外观设计、商标、商业秘密、集成电路布图设计或其他技术成果的，应按国家法律法规及相关规定约定知识产权条款。

5. 合同涉及国家秘密、商业秘密、工作秘密等非公开信息的，应按国家法律法规相关规定约定保密条款或签订保密协议，明确信息安全和保密义务与责任。

6.合同应约定违约责任条款。违约责任承担方式应根据相关法律法规,并考虑合同权利义务、合同事项性质、对方当事人偿债能力等因素。

二、合同审核

1.合同审核应当遵循应审必审、有效管控的要求,防范经营风险。

2.合同审核流程:合同承办人提供合同文本以及签约依据,发起合同审核流程。合同经承办部门负责人审查后,送业务管理部门审核。业务管理部门审核通过后,由合同归口管理部门进行审核。合同归口管理部门审核通过后,由本单位有权审批人员进行审批。

3.合同审核部门可根据岗位设置情况,对合同进行初审和复审,并出具审核意见。

4.合同承办部门对审核人员退回修改的合同应尽快完成修改并重新提交审核。

5.合同承办部门针对审核意见,评估相关风险后决定不采纳的,应在会签意见中向合同审核部门说明理由,并承担相应的责任。

6.合同完成审核流转后,应按照相关规定进行编号。

三、合同签署

1.合同承办部门负责办理合同文本装订、送签和用印,并确保签订文本内容完整,与审定文本一致。

2.合同由法定代表人(负责人)签署。法定代表人(负责人)不亲自签署的,按照相关授权委托管理规定由被授权人签署。

3.合同用印统一使用合同专用章,合同专用章由合同归口管理部门负责管理。

4.未经公章管理部门和合同归口管理部门同意,不得以行政公章代替使用。

四、合同履行

1.合同生效前,不得实际履行合同,涉及财务支出的不得付款。合同承办部门负责组织合同的履行，相关专业部门应开展相应的管理监督。

2.合同履行过程中出现异常，合同承办部门应及时组织各专业部门讨论确定解决方式，依法维护合同承办部门权益。

3.已生效的合同发生实质性变更、转让、解除时，由原合同承办部门与合同对方当事人就变更、转让、解除事宜协商一致，并按有关规定报相关领导审批。

4.合同实质性变更、转让、解除，原则上须签订书面协议，由原合同承办部门承办。合同非实质性内容变更，原合同承办部门与合同对方当事人协商一致后，可采取合同当事人签署会议纪要等形式处理。

5.发生合同争议的，先采用协商方式解决。协商能够达成一致且对合同进行修改的，应按规定订立书面协议。协商不成的，按合同约定采取调解、仲裁或诉讼方式解决争议。合同未约定争议解决方式的，按有关法律法规执行。

五、合同文件归档

合同承办部门负责合同文本等相关材料的收集、整理，并按档案管理相关规定移交归档。合同归口管理部门对承办部门的合同归档工作进行督促，并向档案管理部门提供咨询。

合同归档内容应包括合同签订依据等基础材料；合同谈判、签订、履行等往来过程中形成的会议纪要、备忘录、担保文件等具有法律效力的文件；合同对方当事人的营业执照、证明文件等材料；合同审批流程记录；合同文本原件；签约各方授权委托书原件或复印件；合同争议解决的有关材料；其他需要归档的材料。

第五节　物资管理

一、计划管理

计划管理包括研究制定物资管理的战略目标、发展规范，确定物资和服务的采购范围、采购实施模式、采购方式、采购组织形式、采购批次,需求计划预测管理、采购计划管理,统计分析和计划考评等。

计划管理主动参与项目前期等工作,统筹协调需求计划与综合计划、预算的关系,实时协同项目里程碑计划,确保合规、准确、及时。

需求计划指对外购置的物资和服务需求。需求计划结合仓储库存、未履约合同等资源,经综合平衡或平衡利库后形成采购计划。

为提高采购效率效益,对采购时间相近、具有同质性、能形成规模的采购计划进行汇总、归并,形成采购批次,按照统一时间节点同步组织实施。

采购方式指采购人为达到采购目标而在采购活动中运用的方法。对不同的采购需求,应采取适合的采购方式进行采购。包括以公开和邀请方式进行的招标、竞争性谈判、询价采购,以及单一来源采购。

采购组织形式是根据采购需求特点,在确定采购方式的前提下,为利于采购结果执行而采取的组织方式。包括批次采购、协议库存采购、框架协议采购等。

二、采购管理

采购是指以合同方式有偿取得货物、工程和服务的行为。采购活动是指为满足采购需求,依据相关法律法规,按照规定程序组织实施采购的过程。

采购管理是指对采购活动进行计划、组织、协调与控制,包括确定采购规则事项、明确采购程序要求、组织实施采购业务、审定采购结果等工作。

采购坚持“依法合规、质量优先、诚信共赢、精益高效”的原则。

三、物资质量监督

物资质量监督管理是对物资生产制造质量进行监督,服务于物资招标采购、电力建设及安全稳定运行的活动。物资质量监督管理工作不能代替项目管理或专业管理对物资的到货验收、交接试验等工作职责。

物资质量监督主要采取监造、抽检、巡检、出厂验收方式。

物资监造是依据采购合同、监造服务合同等，对设备生产制造过程关键点进行监督见证。物资抽检要全面覆盖合同供应商以及物资类别。出厂验收是依据采购合同，各方共同见证出厂试验，对设备质量进行确认。巡检是对制造厂的生产进度、生产环境、重要工艺环节、检验检测、原材料/组部件管理等进行巡视检查。①

四、供应商关系管理

供应商关系管理主要包括供应商资质能力核实、绩效评价、不良行为处理、分类分级管理、服务等工作。

通过供应商资质能力核实，组织收集供应商信息，建立供应商信息库，实现信息共享，为招标采购提供信息支持。

建立供应商评价指标体系，对供应商生产规模、技术水平、产品质量、供货进度、营销业绩、价格水平、合同执行、服务保障、运行绩效等多维度进行综合评价。对供应商不良行为采取评标扣分、暂停授标、列入黑名单等处理措施，并予以公示。

五、仓储调配管理

仓储调配管理指对实体仓库、储备物资、仓库作业的管理。库存物资按定额储备、按需领用、动态周转、定期补库模式运作。调配管理包括调配需求、物资调度、调配执行、调配交接、调配结算等全过程管理。

六、应急物资管理

应急物资管理指对影响生产经营的突发事件（包括自然灾害、事故灾难、公共卫生、社会安全等事件）导致的物资应急保障需求，进行物资供应的组织、计划、协调与控制工作。

加强“平战结合”的组织保障、应急采购、物资储备和调配体系建设，

① 宋汉周，朱旭芬. 水电站坝址渗流水化学及其监测导论[M]. 北京：科学出版社，2017.

完善“日常准备、预警响应、调度指挥、总结评估”机制，确保应急状态下保障供应。

应急状态下，按照“先利库、后采购”的原则，在储备物资无法满足需求的情况下，进行紧急采购。

七、废旧物资管理

废旧物资管理包括计划管理、技术鉴定、拆除回收、报废审批、移交保管、竞价处置、资金回收，以及再利用物资入库保存、利库调拨、资金结算等全过程管理。

废旧物资是指报废物资和再利用物资。报废物资指完成报废手续办理的固定资产、流动资产、低值易耗品及其他废弃物资等。再利用物资是指经技术鉴定为可使用的退出物资，包括经鉴定可利用的库存物资、结余退库物资、成本类物资等非固定资产性实物。

退出物资应建立盘活利用常态机制，加快库存周转；避免形成库存积压。

第六节　档案管理及后勤管理

一、档案管理

（一）组织要求

1. 配备与生产、建设、研发、经营和管理相适应的专职档案人员，保证档案人员相对稳定。档案工作纳入领导工作议事日程，纳入部门和有关人员经济责任制或岗位责任制，纳入规章制度和工作流程。

2. 成立由分管领导、职能部门、专业技术人员、档案人员组成的档案鉴定组织，负责确定文件材料保管期限和到期档案鉴定工作。

3. 档案人员应参加产品鉴定、可研课题成果审定、项目验收、设备开箱验收等活动，负责检查归档文件材料的完整性和系统性。

4. 下达项目计划任务应同时提出项目文件材料归档要求；检查项目

计划进度应同时检查项目文件材料积累情况;验收、鉴定项目成果应同时验收、鉴定项目文件材料归档情况;开展项目总结应同时开展项目文件材料归档交接工作。

（二）业务要求

1. 严格执行档案管理相关制度,采用统一的档案分类方案、归档范围和保管期限表。文件材料应按时归档,重大项目档案管理工作应与项目同步开展。档案文件材料应完整、准确、系统,其制成材料应有利于长久保存,图文字迹应符合形成文件设备(打印机、复印机、扫描仪等)标称的质量要求。

2. 归档文件材料应为原件,因故无原件的可将具有凭证作用的复制件归档并注明原件存放位置。非纸质文件材料应与其文字说明一并归档,外文(或少数民族文字)材料若有汉语译文的,应一并归档,无译文的要译出题目和目录后归档。归档文件材料一般一式一份,重要的、利用频繁的和有专门需要的可适当增加份数。具有永久保存价值或其他重要价值的电子文件,须制作纸质文件或微缩胶卷,同时归档。

3. 文件材料整理应遵循其形成的规律,区分保管期限,保持文件材料之间的有机联系。各门类文件材料的整理应符合相关标准要求及国家档案局相关规定。

4. 档案保存应依据档案载体选择档案柜或密集架,磁性载体应选择防磁设施,重要档案应异地备份。

5. 档案入库前一般应去污、消毒,受损档案应及时修复或补救。对于易损的制成材料和字迹,应采取复制手段加以保护。

6. 对已到保管期限但仍有保存价值的档案,应在组织鉴定后重新划定保管期限。对无继续保存价值的应登记造册,填写销毁清册。销毁清册永久保存。

7. 建立档案管理台账,定期记录(核对)档案库藏、出入库、利用、设施设备、销毁及责任人情况等。

8. 对可能发生的突发事件和自然灾害制定档案抢救应急措施,对档案信息管理的软件、操作系统、数据维护、防灾和恢复制定应急预案。

(三)设施设备要求

1. 设置符合国家标准的档案库房,根据需要分开设置阅档室、档案业务技术用房及办公用房。

2. 档案库房应远离易燃、易爆物品和水、火等安全隐患,无特殊保护装置一般不宜设置在地下或顶层,档案库房楼层地面应满足档案及其装具的承重要求。

3. 档案库房应保持干净、整洁,并具备防火、防盗、防潮、防光、防鼠、防虫、防尘、防污染(八防)等防护功能。

4. 档案库房温度、湿度应符合相关规定的要求。

5. 档案库房应配备“八防”,空气净化,火灾自动报警,自动灭火,温度、湿度控制,视频监控等设施设备,并对运转情况进行定期检查、记录,及时排除隐患。

6. 档案柜架应牢固、耐用,并具有防火、防盗、防尘作用。非纸质载体档案有专用柜架。

7. 各类归档盒规格、式样和质量应符合相关规定的要求。

8. 档案业务技术用房应配备装订、打印、复印、摄影摄像、计算机、扫描仪等满足实际工作需要的设施设备。

二、后勤管理

后勤管理的目的是保证各项业务正常运作,为员工创造良好的工作环境,提高员工工作效率。

第七章　中小型水电站经济运行

在安全供电的前提下，使水电站运行获得最大经济效果的工作，称水电站经济运行。水电站经济运行是发挥设备潜力、充分利用水能的一项增产和节能措施。例如湖南某电站实现长期经济运行后，提高发电量约10％；福建某电站开展长期经济调度后增加效益1.3％～2.2％。可见水电站经济运行的效果是十分显著的。①

第一节　中小型水电站经济运行的意义与特点

水电站一般并入电力系统运行，为了确定水电站安全、经济的运行方式，必须了解电力系统对水电站运行的基本要求。从电力系统的角度，主要可归纳为两点：首先满足系统的动力平衡，即水电站保证完成电力系统所分配的电能生产任务，这是对水电站运行的最基本的也是最重要的要求；其次保证电力系统供电的经济性。

一、水电站经济运行的意义

电力生产有别于其他行业的一个最显著的特点是电能不能大量储存，因此电力工业的产、供、销必须同时完成。电力系统的动力平衡，即任何时刻并入系统运行的各个水电站能够投入的容量的总和，必须大于或至少等于该时刻的系统总负荷。电力系统的平衡分为有功功率平衡和无功功率平衡，在任何时刻，电力系统生产、输送、分配和电力用户消耗的电

---

①　张启灵，黄小艳，胡蕾．水电站垫层蜗壳组合结构研究与应用[M]．北京：中国水利水电出版社，2020.

能必须严格保持平衡，否则，电力系统的频率和电压就会发生波动，甚至导致电力系统的崩溃。电力系统的功率平衡包括有功功率的平衡和无功功率的平衡。有功功率的不平衡会导致电网频率波动，而无功功率的不平衡则会导致系统电压的波动。而在电力系统中，用户负荷是随时都在变化的，这就要求不断地进行有功功率和无功功率的调整，以保证功率平衡，保证电力系统的电能质量与可靠性。

保证电力系统供电的经济性是电力系统对水电站的另一项基本要求。满足上述动力平衡条件就是保证了供电的可靠性和电能质量。而就满足动力平衡的条件来说，可以有无限多的运行方案来保证电力系统的正常供电，但各种方案的经济性是大不相同的。因此在其中选择出最经济最合理的运行方案是要研究的问题。由于水电站开停机迅速、调整负荷快、改变运行方式灵活，因此，对水电站进行合理调度就成了选择电力最优运行方式的主要内容之一。

制定水电站在电力系统中的运行方式时，必须同时满足有关综合利用部门（包括防洪、灌溉、航运、城市给水、工业用水等）所提出的要求。它们用水量的多少及用水时间的先后一般是不同的。对一个水电站而言，不一定同时具有上述的全部水利任务，应根据具体情况加以分析，对制定电力系统中的水电站的运行方式具有重要意义。

二、水电站经济运行的最优准则

运行方式的最优准则是衡量运行方式是否最优的标准。以下是几种常用的水电站最优运行的准则。

（一）国民经济效益最大或国民经济费用最小准则

国民经济效益最大或国民经济费用最小准则，是一个一般性的准则，适用于一切场合。国民经济效益包括电力系统供电效益、水利部门的效益，即发电、防洪、灌溉、航运等效益。这种效益有正、负两种，正效益指水电站的运行带来的效益，负效益指维持水电站运行所需要的支出，如检修费、折旧费、工资等，此外它还包括水电站正常运行被破坏时带来的损失。

按这个准则选择运行方式时效益计算往往较困难，因此通常用与运行方式有关的国民经济费用代替。费用包括：①与水电站运行方式有关的电力系统支出费用；②由于系统电力、电量不足或各综合利用部门的要求不能满足时的国民经济损失费用。

这样制定运行方式的准则就能用国民经济费用最小来表示，虽然计算国民经济损失的费用仍有一定的困难，但需要计算损失费用的项目较少。

（二）电力系统支出费用最小准则

电力系统支出费用最小准则是指在满足各水利部门一定要求的条件下，使电力系统的支出费用最小。这个准则与国民经济费用最小准则进行比较，它无需在发电及其他水利要求得不到满足时进行损失费用计算，但需要确定各综合利用部门正常用水、用电要求的标准。前者可认为是局部最优准则，后者可认为是整体最优准则。

（三）电力系统耗煤量最小准则

电力系统耗煤量最小准则，是指在满足各水利部门一定要求的条件下，使电力系统的总耗煤量最小。这个准则是电力系统支出费用最小准则的简化，因为与运行方式有关的电力系统支出费用中主要组成部分就是火电厂的燃料费用。因此上述准则可以简化为电力系统的燃料费用最小的准则。如果电力系统中各火电厂用煤的价格相同，则也可简化为电力系统耗煤量最小准则。

（四）水电站发电量最大准则

水电站发电量最大准则，就是指在满足各水利部门一定要求的条件下，使水电站的发电量最大。当然是指所有水电站的总发电量最大，而不是某一个水电站的发电量最大。在纯水电站系统中采用这一准则是正确的。发电量最大准则的另一种表示形式为“电能损失最小准则”。

三、水电站在系统中的工作位置

制定水电站在系统中运行方式，首先需要了解电力系统对水电站的要求，然后就要确定水电站在负荷图上的工作位置。水电站的工作位置是指其担任系统的那一部分负荷(峰荷飞腰荷或基荷)。合理确定水电站的工作位置，就可提高水电站保证工作容量的数值，从而可减少火电站的装置容量或系统的总装机容量，改善火电站的运转条件，降低火电成本，充分利用水能资源，发挥它们的最大效用。

四、水电站最优运行方式

水电站的经济运行分为水库的优化调试(短期、长期最优运行)和厂内经济运行。

水电站厂内经济运行主要是研究出力平衡、流量平衡和水头平衡，水电站的运行动力特性，机组的最优启停机次序、工作的台数、机组间有功负荷的最优分配方式，机组间无功负荷的最优分配方式，机组间备用容量的分配方式，水力机组的最合理调节程序以及电能生产的质量控制等。

短期最优运行主要研究和解决的问题是：电力系统在短时期(日、周)内的电力和电量平衡，各水电站、水火电站间负荷的合理分配，抽水蓄能水电站及潮汐电站的合理运行方式，水电站进行日调节时上下游不稳定流对运行方式的影响和水利资源综合利用对水电站运行方式的影响等。

长期最优运行主要研究季度、年度和多年的最优运行方式。具体内容为：电力系统各电厂之间长期的电力电量平衡方式，备用容量的分配方式，检修安排方式，单一水电站的长期最优运行方式，梯级水电站和水电站群最优运行方式等。

五、水电站的厂内经济运行

厂内最优运行方式所研究的内容局限在水电站内部，而短期最优运行方式及长期运行方式均属电力系统中各电厂间的运行关系问题。研究短期最优运行方式的特点是水电站的发电用水量为一规定的已知数值，而研究长期最优运行方式的特点是水电站未来长期内的径流情况在目前的科学水平下还无法确切地预报，因此就增加了研究长期最优运行方式的困难和问题的复杂性。

根据水电站类型不同，其经济运行所要研究解决的问题也不同。水电站按其调节性能可分为四种类型。

(一)无调节(径流式)水电站

它在任何时刻的可能发电量由当时河中的天然流量所决定。无调节水电站在负荷图上的位置很简单，它总按照天然来水和设备容量的大小担任基荷。当水流功率小于装机容量时，没有水流能量保证的部分机组容量可作为备用容量(厂内备用容量)或根据系统需要用来发出无功功率，参加系统的无功功率的平衡。

(二)短期(日、周)调节水电站

日调节水电站具有在一天之内重新分配日发电量的能力，当与火电厂并列运行且电力系统中又无调节能力更好的水电站时，日调节水电站可以在电力系统的峰荷或腰荷工作，并可参与电力系统的负荷备用平衡，担任系统的调频任务。日调节水电站担任峰荷及担任系统负荷备用的合理性取决于水电站的设备容量、日调节水库的能量容积、调节特性，并在很大程度上取决于系统中其他水电站的情况。

在洪水期天然来水较大时，为了充分利用水能，日调节水电站应在系统负荷图的基荷部分工作，且一般不参加系统的负荷备用平衡和发出额外的无功功率。

(三)长期(调节年、多年)水电站

这种水电站具有在年及多年间重新分配发电量的能力，因而在相应时期里水电站发电量的能力与该时期的天然流量之间并无固定的联系。由于水库有较大的容积，可以保证充分利用水能。这些水库同时还可进行短期(日、周)调节，因而可在系统负荷图的峰荷、腰荷或基荷部分工作，并可以担任系统的负荷及事故备用，以及可以参加系统的无功功率平衡。

(四)抽水蓄能水电站

它是利用夜间剩余电能进行抽水，蓄能于水库中，待负荷为高峰时转为发电工况，担任系统峰荷的一部分，改善供电质量。

对于中小型水电站，一般大多为径流式水电站，因此只需考虑厂内最优运行方式问题。对于为数不多的日、周调节水电站，则应在解决厂内最优运行方式问题的基础上研究短期最优运行方式。

第二节　水电站的动力特性

研究水电站的经济运行，必须对水电站的各种动力特性资料、特性曲线有充分的了解，这样才能确定最优工作机组台数和组合，机组的合理的启停顺序以及并列运行机组间的有功功率和无功功率的合理分配。

一、动力平衡及基本动力指标

研究、分析水电站生产过程的动力特性时所用的方法和计算公式，都是基于动力平衡原理建立起来的。运用动力平衡的方法，有助于了解水电站生产过程中能量转换的规律和制定水电站最优运行方式。

(一)动力平衡

动力平衡主要体现在功率平衡和电能平衡两个方面。而水头 H 和流量 Q 是水能的两个要素，水头平衡和水量平衡是动力平衡的重要组成部分。

功率平衡的基本方程式为

$$P_1 = P + \Delta P$$

式中，P_1 为输入功率；P 为输出功率；ΔP 为功率损失。

电能平衡的基本方程式为

$$E_1 = E + \Delta E$$

式中，E_1 为输入能量；E 为输出能量；ΔE 为能量损失。

(二)动力指标

上述两个基本方程式的形式虽很简单，但内容却很丰富，它们表示水电站各生产过程中输入能量、输出能量和能量损失三者的相互关系：为了描述水电站生产过程中能量的转换和传送规律，为了对水电站动力设备运行的动能效益和经济性能进行比较，一般采用以下三类动力指标，即绝对动力指标、单位动力指标和微分动力指标。

1. 绝对动力指标

用绝对数值表示动力量大小的指标称为绝对动力指标。

2. 单位动力指标

由于不同的水电站，机组容量不同。要对不同容量的机组比较各机组动力性能的优劣及运行工况的好坏，采用绝对指标就很不方便，此时可用单位动力指标，它是用绝对动力指标的比值来表示的，单位动力指标有两种。

(1)效率 η

一般是指输出功率与输入功率的比值，即

$$\eta=\frac{P}{P_1}$$

水电站生产过程各阶段的效率分别为

$$\eta_i=\frac{P_i}{P_{1i}}(i=\mathrm{I},\mathrm{II},\mathrm{III},\mathrm{IV})$$

水电站生产过程的总效率为

$$\eta=\frac{P_{\mathrm{IV}}}{P_{1\mathrm{I}}}=\frac{P_{\mathrm{I}}}{P_{1\mathrm{I}}}\frac{P_{\mathrm{II}}}{P_{1\mathrm{II}}}\frac{P_{\mathrm{III}}}{P_{1\mathrm{III}}}\frac{P_{\mathrm{IV}}}{P_{1\mathrm{IV}}}=\eta_{\mathrm{I}}\eta_{\mathrm{II}}\eta_{\mathrm{III}}\eta_{\mathrm{IV}}$$

(2)单位耗水率 q_0

N 一般把在某一水头下水电站的机组发出单位 kW 功率所消耗的流量，称为机组的单位耗水率(q_0)，即

$$q_0=\frac{O}{P}$$

显然，在同一水头下，各机组中某一功率 P 所对应的单位耗水率为最小的机组，其动力性能是最好的。

3. 微分动力指标

用绝对动力指标的微增量的比值表示的动力指标，称为微分动力指

标，通常称为微增率，常用的有耗水量的微增率，即

$$q=\frac{dQ}{dP}$$

二、水电站水头特性

水电站水头是决定功率和发电量的重要因素之一。由于各种水头损失造成水电站的能量损失，直接影响水电站的经济效益，因此，必须对水头特性进行分析、研究。

水轮机水头，是水轮机入口处与水轮机尾水管出口处的水位差：它是直接作用于水轮机的水头，称为水轮机的工作水头。

在水电站的实际运行中，必须考虑引水建筑物及压力引水管中的能量损失特性（或水头损失特性）对水电站运行方式的影响。引水建筑物水头损失是指水流经拦污栅、进水口、隧洞和调压室（或明渠与压力池）等所引起的水头损失。而压力引水管的水头损失，是指水流经过压力引水管时由于摩擦及局部阻力所引起的总水头损失。

三、水电站水力机组特性曲线

水电站水力机组主要包括水轮机和发电机。根据水轮机的比转速大小，可将水轮机划分为许多种不同的系列。对于某个系列的水轮机，用确定的结构尺寸模型，在不同的工况下进行模型试验，通过获得的测量数据，再进行必要的相似计算，可绘制出该系列水轮机模型的主要综合特性曲线。

实际安装在水电站中的原型水轮机，其工作特性均是以同系列模型的综合特性曲线为依据进行相似换算而得出的。对于大、中型水电站，在水电站设计过程中，为了便于水电站运行的实际应用，通常要根据水电站的水头范围、单机容量等主要参数，将所选机型的模型综合特性曲线转换成水电站水轮机的综合运转特性曲线。

发电机的工作特性曲线，主要是指发电机的实际出力与对应效率之

间的关系曲线。虽然发电机的效率与功率因数 cosφ 有一定的关系，但在实际运行中 cosφ 的变化幅度不大，因此发电机的效率主要与实际承担的有功负荷有关。

四、水电站水力机组的典型动力特性

动力平衡原则来表示的，水力机组在转换能量过程中的各种工作特性，都可以通过各种动力指标之间的关系曲线来表示。

（一）功率损失曲线

功率损失特性曲线是机组动力特性的最基本曲线，当机组的功率损失知道之后，其他相关的动力指标也就随之确定了。它表示的是功率损失与机组输出功率之间的关系。一般功率损失曲线，可由试验获得。具体的做法为：在某个水头下，测量不同输出功率所对应的流量值，从而计算出相应的功率损失，绘出该水头下的损失曲线。用同样的方法，也可得出其他水头下的功率损失特性曲线。从功率损失曲线可以看出，在机组输出功率过小或输出功率较大时，功率损失均比较大；当输出功率达到一定值时，功率损失急剧增加，甚至随着输入功率的增加，输出功率不但不再增加，反而会减小。

（二）功率特性曲线

功率特性曲线是表示机组的输入功率 P_1 与输出功率 P 的关系曲线。

（三）流量特性曲线

表示机组流量和输出功率之间的关系，当机组的引用流量大于空载流量时，随着流量的增加机组的功率也随之增加，在机组高功率区，由于功率损失越来越大，功率增加的速度减慢，当达到最大功率时，即便是再增加引用流量，输出功率反而会减小。

（四）效率特性曲线

表示机组效率与输出功率之间的关系，和功率损失曲线相对应，由同样的试验得出。机组型号不同，曲线的形状有所不同，但基本趋势相同，即随着输出功率的增加，机组的效率也随之增加，当输出功率达到一定值时，由于功率损失的增加，机组效率急剧下降。

（五）单位耗水率特性曲线

表示单位耗水率与功率之间的关系。通常单位耗水率在机组功率较小时，随功率的增加而减小；当单位耗水率降到最小时，随着机组功率的增加，单位耗水率也随之增加。

（六）流量微增率特性曲线

表示流量微增率与机组功率之间的关系，微增率特性曲线也称为微分特性曲线。流量微分指标的计算公式为

$$q=\frac{dQ}{dP}=\frac{1}{9.81H'}\left[1+\frac{d(\Delta P)}{dP}\right]$$

式中，$\frac{d(\Delta P)}{dP}$值可由功率损失特性曲线上各点的切线斜率求得。

流量微增率随功率增加而增大，当功率接近最大值时，流量微增率急剧增大。

五、机组段动力特性曲线绘制

机组段是水电站运行的基本单元，它包括引水管路、水轮机和发电机三部分，机组段动力特性是这三部分动力特性的综合。

制定水电站厂内优化运行方式时，应采用机组段水头为常数的动力特性曲线。对于并列运行的各机组，其机组段水头是相同的，但由于各机组负荷及引水管中的流量、水头损失不同，各水轮机的工作水头并不完全相同。只有当引水管道很短水力损失可以忽略不计时，才能近似采用水轮发电机组的动力特性曲线作为制定厂内优化运行方式的依据。否则，应以机组段水头为参数的各种动力特性为计算依据。

机组段动力特性曲线，最好是根据机组的原型试验资料进行绘制。由于在我国水电站安装的水轮发电机组，绝大多数没有进行过动力特性试验，其中一些曲线通常是以水轮机的模型试验资料、引水管道的设计资

料以及制造厂家提供的发电机效率特性曲线为依据来进行绘制的。这样得到的机组段动力特性曲线，与机组的实际动力特性必然存在一定的差异，其大小取决于机组段各设备原始的可靠程度、设备的制造安装质量、设备的运行与保养状态。在实际应用中应加以考虑。①

（一）机组段流量特性曲线

以机组段水头为参数的流量特性曲线，就是在某些固定的机组段水头下，水轮发电机组的引用流量 Q 与机组出力 P 的关系曲线。机组段流量特性曲线绘制的具体步骤如下。

根据水电站的水头范围，从中选取若干个水头值，标入对应的水轮机运转特性曲线之中，对于某一个确定的水头值 H，可以在水轮机运转特性曲线上画出一条平行于横轴的直线，该直线和图中的等效率线有若干个交点，读取交点处对应的水轮机功率 P_i 和效率 η，按下式计算出水轮机的工作流量 Q_i。

根据当水轮机工作水头为 H 时的一系列 Q_i 和 P_i 值，可以绘出一条 Q～P(H)的关系曲线；同样，对其他的若干个 H 值，可以绘出相应若干条 Q～P(H)曲线。用若干个等流量水平线和 Q～P 曲线族相交，读取相应的 H 和 P 值。

当机组水头为某一个确定的数值 H′1 时，选取若干个流量 Q_i，对每个流量值利用引水管道的水头损失特性(ΔH～Q)曲线，或当水电站引水管道为单元供水形式时，机组段引水管道的水头损失特性可以由下式计算，求出引水管相应的水头损失 ΔH_i。则与流量 Q_i 相应的水轮机水头为

$$H_i = H'_i - \Delta H_i$$

根据 H 及 Q 的值，就可以在绘有等流量线的水轮机运转特性曲线图上找出水轮机相应的功率 P，再在发电机效率曲线上找出相应的发电机效率 η_G，将 η_G 乘以 P_i 便可得到机组的出力 P。这样，就可以根据机组段水头为 H′时的各个 Q 值和所对应的 P 值，绘出不同机组段水头时的机

① 朱雪雄.水电站计算机监控系统分析与应用[M].郑州：黄河水利出版社，2017.

组段流量特性曲线。

(二)机组段流量微增率特性曲线

以机组段水头为参数的流量微增率特性曲线，绘制的简单方法就是利用流量特性曲线，通过作各点的切线并求其斜率而得到。由于流量特性曲线通常比较平直，切点位置不明显，导致切线的任意性较大，从而使做出的流量微增率特性曲线误差较大，所以一般不宜用流量特性曲线来直接绘制机组段流量微增率特性曲线，而是采用功率损失特性曲线来绘制。

流量微增率 q 由两项组成，其中一项为常数项，另一项则可由 $\Delta P=f(P)$特性曲线上各点切线的斜率求得。由于在 q 中所占的比例较小，而且 $\Delta P=f(P)$曲线的曲率较大，故值相对较为准确；根据各点的 P 值及由公式算出的相应 q，可得到该水头下的流量微增率特性曲线。同理，对其他水头进行类似计算，可得到相应水头下的流量微增率特性曲线。

第三节　机组间的最优分配

一、机组间有功负荷的最优分配

(一)机组间负荷优化分配的数学模型

一般水电站安装的水轮发电机组通常都在 2 台及以上，当有 2 台或以上机组并列运行时，它们共同承担系统给定的负荷。对于在区域性电力系统中起骨干作用的水电站，还承担着电力系统负荷波动的瞬时调节任务：为了最大限度地利用水力资源，水电站的运行在满足电力系统负荷要求的条件下，应使水电站所消耗的水量最小。因此，并列运行的水力发电机组间存在着一个负荷如何分配的问题。

根据水电站机组间负荷分配实现最优的准则，可以建立起相应的数学模型。

目标函数：

$$\left.\begin{aligned}P&=\sum_1^n P_i=P_1+P_2+\cdots+P_n=\text{const}\\Q&=\sum_1^n Q_i=Q_1+Q_2+\cdots+Q_n=\min\end{aligned}\right\}$$

约束条件：

机组功率约束 $0\leqslant P_i\leqslant P_{Mi}$

机组流量约束 $0\leqslant Q_i\leqslant Q_{Mi}$

式中，P 为所有并列运行机组在电力系统中所承担的总负荷；Q 为水电站并列运行的所有机组发电用水总流量；i 为水电站机组编号，$i=1,2,\cdots$；Q_i 为第 i 台机组发电用水流量；P_i 为第 i 台机组的功率；P_{Mi} 为第 i 台机组的最大功率限制，当水轮机的工作水头大于设计水头时，它等于该机组的额定容量，当水轮机的工作水头小于设计水头时，它是工作水头的函数；Q_{Mi} 为第 i 台机组在当前工作水头时水轮机的最大可能过流量，它受机组的功率限制。

(二)用流量微增率法进行机组间负荷优化分配

机组间负荷优化分配的方法很多，如流量等微增率法、动态规划法、非线性规划法、遗传算法等。

1. 等流量微增率原则

为简化分析，以 2 台机组并列运行时的负荷最优分配问题进行讨论。当 2 台并列运行的机组承担系统的负荷为 P 时，根据功率平衡约束 $P=P_1+P_2$，2 台机的总引用流量为 $Q=Q_1+Q_2$。

假定初始时刻 1 号机所带的负荷为 P_1，2 号机所带的负荷为 P_2，对应 1 号机在曲线Ⅰ上的 a 点运行，2 号机在曲线Ⅱ上的 b 点运行。根据电力平衡原则，如果增加 1 号机的负荷就需要减少 2 号机的负荷，1 号机增加负荷 dP_1，相应消耗流量增加 dQ_1，2 号机减少负荷 dP_2，相应减少流量 dQ_2，且有，$dP_1=dP_2 dQ_1<dQ_2$，两台机组由于负荷分配方式不同所引起的总流量改变量 $dQ=dQ_1-dQ_2<0$，说明减少 2 号机的负荷，增加 1 号机的负荷，可以使相同功率下水电站总的工作流量减小，提高了水能资源

的利用程度。

如果继续增加1号机的负荷，减少2号机的负荷，使1号机在c点运行，2号机在d点运行，由于在c、d两点上，曲线的切线斜率相等，即$\frac{dQ_1}{dP_1}=\frac{dQ_2}{dP_2}$，即$dQ=dQ_1-dQ_2=0$，说明负荷调整到2台机流量微增率相等处，水电站的总引用流量将不再减少。假若再继续增加1号机负荷而减少2号机的负荷，由于使$dQ=dQ_1-dQ_2>0$，说明水电站总的引用流量又增加了。由此可知，在给定负荷下，2台机组并列运行时，水电站总引用流量最小的条件是2台机的流量微增率相等。同理，当水电站有n台机组并列运行时，实现机组间负荷最优分配的条件为等流量微增率原则。

用求函数条件极值的拉格朗日乘数法同样可推出等微增率原则。

显然，各台机组所消耗的流量可写成为其负荷的函数，即有

$$Q_1=Q_1(P_1)$$

$$Q_2=Q_2(P_2)$$

$$\vdots$$

$$Q_n=Q_n(P_n)$$

求解式条件极值，引入一辅助函数

$$F=(Q_1+Q_2+\cdots+Q_n)+\lambda(P_1+P_2+\cdots+Pn)$$

使辅助函数实现无条件极值的必要条件是

$$\frac{\partial F}{\partial P_1}=\frac{\partial Q_1}{\partial P_1}+\lambda=0$$

$$\frac{\partial F}{\partial P_2}=\frac{\partial Q_2}{\partial P_2}+\lambda=0$$

$$\vdots$$

$$\frac{\partial F}{\partial P_n}=\frac{\partial Q_n}{\partial P_n}+\lambda=0$$

这样上式可写成如下形式

$$\frac{\partial Q_1}{\partial P_1}=\frac{\partial Q_2}{\partial P_2}=\cdots=\frac{\partial Q_n}{\partial P_n}=-\lambda$$

即

$$q_1 = q_2 = \cdots = q_n = -\lambda$$

满足等微增率原则的负荷分配方式，是保证负荷一定时水电站工作流量最小的最优运行方式。

2. 用流量微增率法实现机组间负荷的最优分配

用等流量微增率原则进行并列运行机组间负荷的最优分配，常用图解方法。它需要把并列运行的各台机组流量微增率特性曲线和这几台机组总的流量微增率特性曲线绘于同一张图中：不同台数和不同组合方式的并列运行，其求解方法的原理相同，现以三台机组并列运行的情况为例，来说明总的流量微增率特性曲线的绘制及负荷分配方法。[①]

二、机组间无功负荷的最优分配

在实际的电力系统中，水电站除承担有功负荷外，还担任一定的无功负荷，有时还担任一定的调频任务。因此，水电站也有一个在各机组间最优地分配无功负荷和随机负荷的问题。

(一)机组间无功负荷的分类

水电站机组间担任无功负荷有两种方式。

1. 集中负担方式

集中负担方式是将水电站的无功负荷集中由几台不带有功负荷的机组负担(作调相机运行)，即所谓调相运行方式，将水轮机改为调相机运行操作简单。当水电机组与系统并列后，关闭水轮机的导叶，使水轮发电机本身转动的能量由系统供给，增加发电机的励磁电流，即可向系统供给无功功率，减小发电机的励磁电流，则减少向系统供给的无功功率；进一步减小励磁电流，还可能吸收系统的无功功率。水轮机转轮在水中旋转要消耗电力，且往往使机组发生振动和轴承磨损增大。为避免这种情况，在

① 曾云，吴正义. 水电站计算机监控[M]. 北京：中国电力出版社，2020.

调相运行时，一般向转轮室输入压缩空气以降低转轮室水位，使水轮机转轮在空气中旋转。

2.分散负担方式

分散负担方式即发电机运行方式，也就是将水电站的无功和有功负荷同时分给所有运行的机组，各水轮发电机组既发有功功率，又发无功功率。在水电站的正常运行方式中，后一种方式为正常运行方式。只有当系统有特殊要求时，才采用前一种运行方式。

在实际运行中，有时也采用分散与集中相结合的方式。集中的程度大小视水电站有功、无功负荷的具体情况而定。在水电站中可能有几台机组作调相机运行，只担负水电站无功负荷，有些机组作发电机运行既担负水电站的有功负荷，又担负电站的一部分无功负荷。

(二)无功负荷的最优分配

发电机输出的视在功率是有功功率和无功功率的总和。发电机输出给用户用于做功的电功率称之为有功功率，这部分功率的大小取决于水轮机输出的轴功率。而发电机要发出有功功率，必须建立磁场，该磁场由励磁系统提供。同理，要使系统中的变压器和电动机正常工作，也必须建立磁场，这种用于建立磁场，以保证在发电机和用户之间进行电能和磁能的互相变换的功率叫无功功率，它既不对外做功，也不消耗能量。而被用户消耗掉的电功率叫有功功率。无功功率的大小，可用有功功率 P 与视在功率 S 的比率，即功率因数 $\cos\varphi$ 来衡量。

发电机输出的有功功率和功率因数的大小是由用户负荷情况决定的。如果用户的功率因数高，就意味着用户无功功率减少，因而整个线路的电流电压降和损耗都得以减少，同时用户的电压波动范围也得以缩小。系统频率和电压波动对用户的影响也很大，频率的下降将导致用户无功功率的增长，对整个电力系统而言，在电压维持不变的情况，频率下降1%，无功功率将增长1%～1.5%。

水电站无功负荷在运行机组间的最优分配是建立在机组段无功特性

的基础上的，而机组段的无功特性由发电机的无功特性所决定。从理论上讲，发电机带无功负荷并不消耗能量，即不影响发电机的流量特性。因此，当采用无功负荷分散担负方式时能满足系统无功需求时，不需要特别地对无功负荷分配进行考虑。但事实上，当水电站承担无功负荷较多时，在输送有功功率不变的情况下，必然会增加水电站输出的总的电流值，这样会导致线损增加，从而增加附加的有功功率损耗。

显然，制定无功负荷最优运行方式时，应从整个系统的角度考虑，尽量使无功负荷就地平衡，减小输电线路的损耗，使水电站的总工作流量为最小。从此角度出发，作为单个水电站，当系统对无功负荷没有明确要求，在保证机端电压合理和电站母线电压稳定的前提下，应尽量少带无功功率。

三、运行机组的优化组合

在满足电力系统总负荷要求的条件下，水电站运行机组的台数和台号组合，可有多种选择方案。

（一）机组的优化组合

安装有多台机组的水电站，若机组型号不同，其动力特性必然不同，即使是同型号机组，动力特性也可能会存在着差异：水电站在满足电力系统负荷要求的条件下，当只有 1 台机组运行时，存在着一个最优开机次序问题。当运行机组超过 1 台时，机组的台数和台号可以有多种组合方案，又存在着一个最优工作机组的台数和机组组合的选择问题。对于定负荷运行方式的水电站，只有同时保证机组投入的次序最优、机组工作台数和机组组合最优及机组间负荷分配合理，才能真正实现水电站厂内优化运行（或称为厂内经济运行）。

（二）最优机组组合计算方案

最优机组组合及工作机组台数的确定可用式表示

$$P=\sum_{1}^{Z_1}P_i=\sum_{1}^{Z_1}P_i=\cdots=\sum_{1}^{Z_n}P_i=\text{const}$$

$$Q=\sum_{1}^{Z_1}Q_i=\min$$

在上式中，Z_1、Z_2、…、Z_n 表示水电站机组满足负荷要求的组合方案共有 n 种。解决问题的准则，仍然是使水电站总引用流量最小，即在 n 台机组中无论同时工作机组数目的组合方案如何，只要承担系统负荷相同，在不同的机组组合方案 Z_1、Z_2、…、Z_n 中，若组合方案为 Z_1 时，能够使水电站总的工作流量实现最小，即为最优组合方案。

用数学解析法求解式(上式)是非常困难的，一般可以用特性曲线的图解法进行求解。当用动态规划法或非线性规划法制定水电站厂内经济运行方式时，可以使机组最优投入次序、机组最优组合方案及机组间负荷的最佳匹配等问题同时得到解决。

在水电站的实际运行中，在确定机组的最优组合及工作台数时，还需考虑各种限制工况对水轮发电机组的影响，如水轮发电机最大功率的限制，如避开振动较大和空蚀严重个别负荷区域，以免造成对水轮发电机组在不利工况下运行而增加机组的损失程度或加速机组的损坏。在这种情况下应寻求满足这些限制条件的机组最优工作方式。

第四节　水电站水库优化调度

一、水电站水库运行调度的意义和分类

水电站水库运行调度的任务是合理利用水电站及其水库的工程与技术设施，对径流过程进行经济合理调度，在满足工程和生产安全的前提下，充分利用水能资源和水资源，增加水电站发电量，提高水电站水库的综合利用效益。

水电站水库运行调度，可从研究问题的范围来看电力系统及其水、火电站的经济运行可分为厂内经济运行和厂间或电力系统经济运行。厂内经济运行就是前面所讨论的厂内工作机组的最优台数、组合及启停次序，

机组间负荷的最优分配，厂内最优运行方式的制定和实施等。厂间或电力系统的经济运行，是研究电力系统中各电站（水、火电站等）之间的负荷最优分配，制定和实现各电站在不同历时运行期的最优运行方式。[①]

二、水电站前池水位的优化调度

根据水电站厂内经济运行方案可知，在不同的机组水头段，机组优化运行的调度方案是不同的。又由水轮机的模型综合特性曲线可知，当水头相同，开度不同时，水轮机效率是不同的；开度相同，水头不同时，水轮机的效率也是不同的。因此可知，水电机组的最优运行方式是指当前水头和当前负荷下的效率最优点。由 $P=9.81QH\eta$，当负荷 P 一定，水头 H 较高，即使效率 η 略有下降，只要 $H\eta$ 值较大，所需要的发电流量就较小。即当水头较高时，单位发电量的耗水率将下降。利用这一特性，应尽量保证水电站的水库或引水式电站的前池有较高的水位。

由于小型水电站容量较小，当系统对水电站总负荷没有明确要求时，从水电站自身出发，为了提高水量的利用率，可采用水位或水头运行方式，当前池水位较高时，自动增加导叶开度，增加机组出力；当前池水位较低时，自动减小导叶开度，降低机组出力，以保证前池水位恒定或在一个较小的范围内波动，提高水电站的综合效益。

第五节　中小型水电站经济运行的实现

水电站经济运行所考虑的因素很多，涉及面广，计算工作量较大；在经济运行方式的实施中，调节和操作控制亦较为频繁；而且，对于经济运行方式计算和调节控制的实时性、准确度要求很高。因而，要充分利用水能资源，最大限度地取得经济效益，必须实现经济运行方式的计算和实施自动化。[②]

---

① 冯黎兵. 水电站微机监控技术[M]. 上海：上海交通大学出版社，2017.

② 郭文成，周建中，张勇传. 水电站平压设施—调速系统耦合过渡过程与控制[M]. 北京：科学出版社，2018.

一、经济运行方式的计算

在电力系统中一般有许多电站联合运行，而每个电站内通常又有多台机组，这些联合运行的电站和机组是互相影响，互相补充，紧密联系在一起的。为确保电力生产的安全可靠和经济性，应对电力系统中所有的机组直接进行统一的控制调度。但这样做有很多困难，为保证各个系统的独立性和可靠性，通常采用分级控制的方式，由系统调度给定各个水电站的总负荷，再由电站计算机监控系统根据各机组的容量、机组的动力特性等条件，按厂内经济运行原则进行机组启停和负荷分配。

通常可将水电站厂内优化运行系统作为水电站计算机监测系统的一个子系统，把从事优化运行计算的计算机和自动控制系统的相关外围设备直接联系在一起，实现数据自动采集、自动处理、实时计算，自动控制系统则根据优化计算的结果，进行自动控制、调节和操作，从而实现水电站自动控制下的厂内优化运行。

二、实施自动化

计算机实时自动控制下的水电站厂内经济运行系统所具有的主要功能为。

1. 根据电力系统的调度计划或水电站水库的来水及当时的水位等情况，确定出水电站的日负荷计划，在实际运行中进行水电站全厂负荷的实时自动给定。

2. 工作机组台数和机组组合的最优化计算。在给定的全厂负荷下，按最优化准则选择工作机组的台数和机组号，实现工作机组间负荷的最优分配。

3. 机组启停最优化计算。根据水电站的日负荷计划或即将面临的负荷预测资料，机组启停按最优化准则确定改变工作机组组合的合理性。

4. 对调频水电站，即在电力系统中承担系统负荷瞬时变化调节任务的水电站，在电站机组要改变运行工况时，如增负荷、减负荷、停机及启动新的工作机组等，进行实时计算，寻找出改变水电站机组工况的最优控制规律，并进行机组间随机负荷的最优分配和实时调节。

5.按最优化准则进行机组间负荷的最优化分配。

6.当水电站按给定负荷运行或调频运行时,实时进行负荷偏差的监测。当水电站的功率和系统要求的负荷值存在偏差时,根据实际的偏差值,及时进行相应的调节与控制。

7.具有自动、手动两套功能。在正常情况下,由实时控制系统根据优化计算的结果,按最优准则自动改变机组的运行状况。在特殊情况下,也可以通过输出设备进行显示,给出按优化准则改变水电站机组运行工况的操作指令,运行人员根据指令由手动操作执行。

8.定期对各机组当前的动力特性进行实测,并对实测资料进行分析和处理,比较机组当前的动力特性和优化运行计算所依据的机组动力特性之间,是否存在偏差。当偏差超过允许值时,应及时进行修正。修正后的机组动力特性存入数据库,作为下一阶段进行优化运行方式确定的依据。

9.通过计算机屏幕循环显示计划的最优运行方式、操作调节指令、操作控制实况,当前厂内的实际运行方式及相关的技术数据等信息,便于水电站运行和管理人员进行监控,将需要记录存档的运行参数、技术指标、设备情况等资料,及时贮存,并根据需要打印相应的清单。

第八章　中小型水电站的生产运行管理

第一节　生产运行管理在中小型水电站安全生产中的作用

一、中小型水电站发展的意义

我国水电资源十分丰富，分布地区广泛。中小型水电站的开发利用十分普遍。

党和政府十分重视中小型水电站的发展。在国家一系列政策的推动、鼓舞下，结合兴修水利，机电排灌，全国很多地方实行了地方办电、群众办电和水利办电，中小型水电站得到了很快的发展。随着大批初级电气化县的实现和电力投资体制的改革，到目前为止，中小型水电站事业又有了更大的发展。

实践证明，我国中小型水电站的发展，对于改善电力工业布局，调整大电网的峰谷起了一定的作用。同时，中小型水电站的发展促进了地方工业生产和农村电气化，丰富了城乡人民的文化生活，推动了两个文明建设，增加了国家、地方、集体和个人的收入。为偏远山区经济的发展发挥了重大的作用。

实践也证明，要促进农村经济的发展，必须因地制宜，大力发展中小型水电站。要发展中小型水电站，一是建立新的发电厂，新增装机容量；二是做好已建水电站的管理，提高其综合利用率。显然，做好这些已建水电站的运行管理，提高其安全生产水平，对中小型水电站与地区电力系统的安全稳定运行及对这些地区的工农业生产和生活可靠供电，提高中小型水电站的经济效益与社会效益具有重要意义，总的来说。

二、中小型水电站的管理

做好中小型水电站的管理，具有如下几方面的作用。

1. 提高中小型水电站的安全生产水平，提高农村供电的可靠性，促进地方经济发展。

2. 提高中小型水电站的运行效率，改善小型水电站的经济运行水平。

3. 提高中小型水电站的设备完好率和自动化水平，减轻运行人员劳动强度。

4. 提高生产人员技术水平，降低事故率。

中小型水电站的管理工作，由于地区不同，条件各异，管理内容及方法也有所差别。应从实际出发，根据本地区、本单位的特点，重点抓好与生产运行相关的组织管理、生产管理、检修管理、技术管理和安全管理等几方面的工作。

第二节　生产运行管理的组织机构

一、生产运行管理的组织机构

电力系统是一个有机的整体。由于发、供、用电是同时完成的，系统中任何一个主要设备运行状态的改变，都会对电力系统产生影响。因此，并入电网运行的水电站，必须接受和服从电力系统值班调度员的统一指挥。而在中小型水电站中，值班人员是运行生产的最直接实施者。为了管好中小型水电站，必须建立精干和健全的管理机构，确定懂业务的专管人员或通过各种渠道培训的管理职工从事各项管理工作。这是提高运行水平、避免事故、确保安全的组织保证。机构的设置应本着“实用精简”的原则，根据中小型水电站规模的大小确定。

对于较大的水电站，应设厂（站）、车间（分场）、班组三级管理体系。

从厂部到车间、班组到个人,都要有明确的分工和责任,做到人有专职,事有人管。坚决消灭无人负责和秩序混乱的现象。

对于较小的水电站,可只设厂(站)、班组二级管理体系。班组的设置根据水电站规模大小和自动化水平的高低具体确定。

运行班组是中小型水电站最基层组织,直接在生产岗位上,班组人员的配备,将直接影响水电站的安全、经济运行。班组人员的配备和工作班次的确定,也应根据水电站的规模、机组台数、容量大小、电压高低、自动化程度和技术力量而定,一般来说,单机在500kW以下的低压机组(发电机出线电压400V),每台机组可配备1～2人(只有一台机组的水电站应配备2人),电气和水机值班员应相互配合,互为可用,但在当值期间必须有明确的分工,以便事故时坚守岗位,迅速处理。对于500kW以上的高压机组(发电机出线电压在3.15kV以上),班组人员应适当增加。三台以上机组的水电站,每台机配1～1.5人即可,每班应确定值班长,统一领导当班的运行工作。值(班)长在行政上接受站(或厂)长领导,在运行等技术关系上执行系统值班调度员的调度命令。

对于单独运行供电的小型水电站,应配备一个外线班,外线班至少应有4～5人组成,以担任输电线路的检查和维修。如供电范围较广的山区、农村应与当地农电工相结合,以农电工作为线路检查、维护的后备力量。农民工必须有组织地通过技术培训。

较大的水电站除运行班组以外,还应有一个检修班,以负责水电站内外机、电设备的日常维护、检修和保养。

有水库的水电站还应成立一个提供水情、观察气象的水文班。及时给水电站管理人员提供近期的降雨情况及天气预报,以帮助水电站确定近期的开机台数和开机时间,做到计划用水和合理用水,以提高水电站自身的经济效益。

二、值班人员任务

值班人员在值班时间内对分管的设备和运行事务负责,并应严格按照规程、制度及上级值班人员的要求进行生产活动和运行工作，其具体任务是。

1. 按照交接班制度有关规定，接班人员必须提前 15min 进入厂房，由交班人员介绍运行情况，并由接班人员对运行设备按规定检查项目逐项进行检查，若设备运行正常，在交接班记录簿上签字，到时间进行交接班。

2. 在值班期间按规定时间间隔，抄录发电机、主变压器、线路等全部表计的指示值及厂用电盘上表计的指示值。

3. 监盘操作。即监视运行设备，并及时调整设备的各项运行参数，使之满足系统的需要和在规定的范围内。

4. 负责填写操作票，在值（班）长或主值的监护下进行倒闸操作。

5. 当发生事故或异常情况时，应在值（班）长领导下尽快正确地处理事故与异常情况，并做好详细真实地运行及事故记录。

6. 为检修人员办理工作票的开工和结束手续，并做好相应的安全措施。

7. 每班应按规程规定对设备定期进行巡视检查。

8. 发现设备缺陷应及时设法消除，或向值（班）长汇报，并做好记录。

9. 做好备品、工具、安全用具、图纸、资料和测量仪表等的保管工作。

10. 在交班前做好运行日志、记录本等的填写，并搞好车间卫生工作。

11. 交班时，应向接班人员介绍本班运行情况及应注意的事项。如本班在当班运行中发生了事故，一般应待事故处理完毕后才能下班，下班后应立即召开事故分析会。

第三节　生产运行管理的各种制度

一、行业主管部门统一颁发的规程制度

为使水电站的运行和生产工作有条不紊地进行，首先必须遵守行业

和国家相关管理部门统一颁发的规程制度。这些规程和制度由行业主管部门统一组织修订、统一颁发，水电站必须贯彻执行，凡有现场规程与这些规程相抵触或矛盾的地方，应以这些统一颁发的规程为准。此外，对国家统一颁发的有关法规，水电站在生产和运行管理中必须无条件地贯彻执行。

二、行业主管部门颁布的典型规程

为给水电站修编现场规程提供依据或参照，行业主管部门还颁发了一些典型规程，如发电机、变压器、电动机、线路等的运行、试验和检修规程。这些规程作为水电站根据自己的实际情况修编现场规程的依据。[①]

三、水电站的生产运行管理制度

除遵守国家统一颁发的有关法规和行业主管部门统一颁发的规程制度外，水电站还必须结合自己的实际和管理经验，建立、健全和遵循各项规章制度。

(一)设备运行规程

制定各类设备的运行规程。设备运行规程主要内容包括该设备的技术规范，它的正常和极限运行参数、操作程序、操作方法(如设备启动前的准备，启动、并列、解列、停机等操作程序和操作方法)、设备事故原因的判别、事故处理的操作程序和方法等。它是运行操作、监视和定期检查维护的依据。

(二)设备检修规程

制定各类设备的检修规程，以规范设备的检修工艺，技术要求，验收标准。确保设备的检修质量。

(三)安全管理规程

为了在运行值班时能确保人身及设备安全，中小型水电站必须遵照

---

① 孙勇.水电厂运行值班技能培训手册[M].北京：中国水利水电出版社，2018.

规定，结合本站实际，制定本水电站的安全工作规程。

(四)岗位责任制

水电站的管理与其他企业一样。岗位责任制是管理的基本制度，管理工作要靠人来进行，即使自动化程度较高的水电站，也要靠人来指挥、操作。岗位责任制就是根据生产的需要，分配管理人员到各自不同的岗位上，明确规定他们的责任，做到各司其职，各负其责，使每个人都能在自己的岗位上发挥应有的作用。中小型水电站一般应建立：站长岗位责任制；值班长岗位责任制；值班员岗位责任制(较大水电站的机、电值班员应明确地分开)等。

建立岗位责任制的目的是人人有专责，事事有人管，办事有标准，评比有依据，分工明确，责任到人。岗位责任制一般有下列内容。

1. 加强政治思想教育，培养爱岗敬业的职业道德和政治觉悟；刻苦学习业务知识，提高业务水平，以搞好安全经济运行。

2. 值班期间，坚守岗位、执行命令、全神贯注、精心操作、严格遵守劳动纪律。不做与运行无关的工作，不会客，不打瞌睡，不酒后上班，不允许与运行无关人员进入运行区，不准把小孩带到车间里玩耍。

3. 运行人员应熟悉业务，懂得设备的特点和结构，加强对设备的监视，及时调整有功无功负荷，使其运行在最佳状态，以提高机组的效率。

4. 必须做好安全生产的准备工作，密切注意机、电设备的运行状态，认真做好事故预想和运行记录。

5. 保管好随机、随班的工具和仪器，要有专人和集体保管制度，加强维护，定期检查，防止丢失和损坏。

6. 运行人员必须正确使用安全、劳动保护用品，值班期间不得穿拖鞋、高跟鞋，不准穿背心、短裤。

(五)交接班制度

运行人员必须严格遵守交接班制度。交接班手续的好坏、彻底与否与安全经济发供电有着密切的关系，同时给分清事故责任带来方便。

1. 规定交接班时间。接班者必须提前 15min 到达生产场地接班，交班者必须在下班前 30min 清扫场地、检查设备等做好交班的准备工作。

2. 接班者应详细查看运行日记，对不清楚的地方应提出疑问，弄清楚为止。

3. 交接班过程中发现事故苗头，应由交班者进行处理；如接班者愿意接受处理事故隐患，可由接班者接班后继续处理；一时不能处理好的事故隐患应在交接班记录本上作详细的说明，并报告生产负责人。

4. 处理事故和倒闸操作时应停止交接班，接班者应自动离开现场，如交班者邀请接班者帮助处理事故和操作，接班者可以协助处理。待恢复正常运行，亦可进行交接班。

5. 接班者检查完毕，双方在运行日志上签字后，交班者方可离开现场下班。

（六）巡回检查制度

巡回检查的目的是及时发现设备的不正常运行状况，并及时处理。坚持巡回检查制度能防止事故的扩大，并对设备的运行状况做到心中有数。一般每隔 2h 进行一次巡回检查。对于带病运行的设备，高温、高峰季节，应增加检查次数，并对检查情况做详细地记录。

巡回检查的主要内容是：设备的各项运行参数是否正常；运行区域有否不安全的因素（包括人行过道）；设备有否磨损、腐蚀、结垢、漏油、漏水和漏气等现象。

（七）设备缺陷管理制度

及时发现和消除设备缺陷，保证所有设备经常处于完好状态，是保证安全生产的基础，全体运行人员和检修人员都必须认真做好这项工作。

运行值班人员和检修人员应按专责管辖的设备范围，定期巡视检查设备，发现缺陷应及时消除，以及采取必要的安全措施，以防缺陷扩大，造成事故。不能及时消除的缺陷应记入缺陷记录簿内，并向领导汇报。由于措施不力，行动迟缓，贻误时间，致使缺陷扩大造成事故，必须追究有关人员责任。

严重威胁安全运行的设备缺陷，在取得调度许可的情况下，值（班）长可以改变运行方式。

设备缺陷消除后，当值的值(班)长应将情况详细记入记录簿内，工作票负责人应在缺陷登记簿上填写消陷日期并签名。

消除设备缺陷，应严格执行安全工作规程的各项规定，做好安全措施，确保人身、设备安全。

(八)操作票与操作监护制度

对电气设备的操作，应严格遵守规定，必须填写操作票。

1. 对操作票的要求

(1)操作票的使用，应符合规定

①操作票应先编号，并按照编号顺序使用。

②一个操作任务填写一张操作票。

③操作票中所填设备名称，实行双重编号。

(2)操作票中应填写的内容

①操作任务。

②应拉合的断路器及隔离开关的名称、编号。

③检查断路器及隔离开关分、合的实际位置。

④投入或取下控制回路、信号回路、电压互感器回路的熔断器。

⑤检查负荷分配情况。

⑥断开或投入保护(压板)或自动装置。

⑦检查回路是否确无电压。

⑧合拉接地刀闸，检查接地刀闸是否拉开等。

(3)操作票实行三审制

“三审”是指操作票填好后，必须进行三次审查。三审的内容为。

①自审。由操作票填写人进行。

②初审。由操作监护人进行。

③复审。由值班负责人(班长)进行。

三审后的操作票，经值长批准生效，取得正式操作令后执行。

2.操作监护制在执行中的要求

操作监护制是我国发供电运行部门普遍实行的一种基本制度，即操作时实行一人操作，一人监护的制度。这个制度在执行中有以下基本要求。

(1)倒闸操作必须由两人进行。通常由技术水平较高、经验比较丰富的值班员担任监护，另一人担任操作。发电厂、变电站、调度所，每个值班人员的监护权、操作权应在岗位责任制中明确规定，并通过考试合格后由领导以书面命令正式公布。

(2)操作前应进行模拟预演。经“三审”批准生效的操作票，在正式操作前，应在模拟图上，按照操作票的内容和顺序模拟预演，对操作票的正确性进行最后检查、把关。

(3)每进行一项操作，都应遵循唱票对号复诵核对操作这 5 个程序进行。具体地说，就是每进行一项操作，监护人按操作票的内容、顺序先“唱票”(即下操作令)；然后操作人按照操作令查对设备名称、编号及自己所站的位置无误后，复诵操作令；监护人听到复诵的操作令后，再次核对设备编号无误，最后下达“对”“执行”的命令，操作人方可进行操作。

(4)操作票必须按顺序执行，不得跳项和漏项，也不准擅自更改操作票内容。每执行完一项操作，做一个记号(打钩)。

(5)除非发生特殊情况，不得随便更换操作人或监护人，操作中产生疑问，应立即停止操作，报告值班负责人，查明原因后，再决定是否继续执行。

(九)工作票制度

运行或备用设备以及影响设备运行的检修工作，应严格遵守部颁DL408—1991 的有关规定，凭工作票进行，一切未经允许即在设备上工作的情况，值班人员有权制止。

电气第一种工作票，由检修负责人提前一天交给运行值班人员，以便运行人员掌握检修内容和要求，并根据工作票要求做好安全措施。

工作票应根据有关规定办理开工手续。值班人员在允许检修开工之前，需到现场核对安全措施，做到“四考虑”。

1.考虑电气一次、二次的相互影响。

2.考虑电气与机械方面的相互影响。

3.考虑对各检修作业的影响。

4.考虑可能引起的问题与注意事项。

办理或收回工作票后应在《工作票登记簿》上登记。

对于检修中设备及参数变动、试验与改进等情况，检修工作负责人必须提交完工后的图纸资料或在设备异动登记簿上交代清楚，并在工作票终结栏内做好工作总结，方可办理工作票结束签字手续。

事故抢修可不用工作票，但运行值班人员应根据工作票要求做好安全措施。工作结束后，检修人员应向运行人员详细交代清楚，运行人员应将情况详细记入记录簿内。

（十）运行值班人员的纪律

运行值班人员在运行值班时应明确肩负的重任，树立起高度的责任感，自觉遵守如下现场纪律。

1.应服从电力系统值班调度员的操作命令（除严重威胁设备和人身安全者外），不应不听指挥而拒绝执行命令。

2.要坚守岗位，不应迟到或早退，不得擅离职守。

3.要严格执行有关规章制度，做到严肃认真、一丝不苟，不准自由散漫、有章不循、粗枝大叶、漫不经心。

4.要专心致志值好班，全神贯注地进行监视并调节发电设备，及时分析仪表变化，在值班时不看报刊和书籍，不打瞌睡，不做与值班无关的事情。

5.做运行记录时要做到字迹清楚，数据准确、详细、真实，不应含义不清，更不准乱涂乱画，伪造数据。

6.在操作或检修时要认真执行有关制度，精心操作，坚决克服操作上的坏习惯。

7.要按规定巡查各种设备，不得走马观花，更不能疏漏不查。

8. 如发生异常情况，应如实反映，从中吸取教训，不得弄虚作假，隐瞒真相。

9. 要注意文明生产，搞好生产现场的清洁工作，不得在设备附近烤晒衣物。

10. 值班人员在值班时仪容应整洁，女工应将发辫盘入工作帽内。

11. 严禁酒后值班。

第四节　中小型水电站的安全管理

多年来，我国水电企业坚持贯彻“安全第一”的方针收到了明显的成效，建立起一整套安全生产方面的规程、制度和办法，这对搞好安全、经济供电起了很大的作用。由于水电生产的特点，水电站必须以安全生产为中心，建立健全安全组织管理机构，落实安全生产责任制，严格执行安全工作规程，定期开展安全检查活动，做好事故的调查分析与统计，制定反事故措施等，以提高安全生产水平。①

一、建立安全组织机构

为了加强安全管理工作，确保安全工作的正常开展，水电站必须形成自上而下的安全生产监督网，即各级应配备专职或兼职安全员，具体负责安全管理工作，必要时，可在企业内部专门设置安全生产管理机构，企业本部、车间、班组设立安全员，组成本企业的三级安全管理网络，在安全机构的组织下，开展安全监察和安全管理工作。

中小水电企业的主管部门，也应配备专职或兼职安全员，重视安全工作，以提高中小水电行业安全生产管理水平。各级安全员，应由有中小水电管理工作的实际经验、责任心强、敢于坚持原则的技术人员或技术工人担任。

---

① 张小忠. 水电站消防[M]. 武汉：湖北科学技术出版社，2017.

二、建立健全安全生产的规章制度

实践证明，很多事故的发生，扩大往往是因为无章可循、有章不循、违章作业或盲目指挥所造成。为保证安全生产，为杜绝人身伤亡事故、全厂停电事故、主要机电设备损坏事故、严重误操作事故、火灾及水淹厂房事故等恶性事故的发生，必须建立健全安全生产的规章制度，包括安全生产责任制，安全教育制，安全生产监督制，工伤事故调查分析处理制，设备操作、维护、检修制度，安全操作规程等，以及前述的生产运行管理制度。并严格执行，尤其是落实“两票”“三制”，“两票”是指操作票、工作票；“三制”是指交接班制度、巡回检查制度和设备缺陷管理制度。“两票”“三制”的执行是进一步落实有关人员的岗位责任制，进一步加强安全生产的重要措施，确保设备正常运行，稳定生产秩序行之有效的办法。操作票制度涉及需要操作的设备与操作人、监护人、操作票签发人之间的关系。工作票制度涉及检修、运行人员与被检修设备之间的关系。交接班制度涉及交、接班运行人员与运行设备之间的关系，巡回检查制度牵涉当班运行人员与运行设备之间的关系，设备缺陷管理制度牵涉运行、检修试验及有关人员与存在缺陷的运行设备之间的关系。

目前还有不少中小型水电站特别是小水电站执行“两票”“三制”不很严格，有的甚至没有实行“两票”“三制”。实践证明，由于“两票”“三制”不落实，造成设备故障、人身伤亡事故时有发生。如有的在检修、试验时没有执行工作票制度，致使工作人员在工作中触电；有的在操作时由于没有执行操作票制度，造成误操作事故，将运行设备烧坏，因此，为确保设备和人身安全，必须严格执行“两票”“三制”。

三、推行安全责任制

建立并落实安全责任制是安全管理工作的重要环节，各级安全员都应明确自己的责任范围。安全员主要职责是。

1. 水电站安全员是生产技术领导开展安全工作的助手，应落实各级安全工作，并沟通上下级安全工作方面的关系。

2. 督促并协助所属部门健全安全管理机构，参与审定有关规章制度，并督促贯彻执行。

3. 协助领导编制安全生产计划和反事故措施计划，并督促本单位实施。

4. 协助领导开展安全大检查，召集事故分析会，参与下级的重要事故分析，编制事故报表及有关安全资料。

5. 组织安全培训、安规考试，拟订有关安全奖惩条例；监督有关安全防护设施和安全用品的管理工作。

6. 对本企业的大、小修工作，设备的运行状况应有所了解，并定时对设备的现状向负责生产的领导汇报。

企业中除各级安全员外，各生产岗位上还应有安全负责人，具体负责安全工作。

四、开展安全活动

组织安全管理机构的目的是开展安全活动，促进安全生产，提高经济效益。其主要内容有。

（一）召开定期性的安全例会

中小型水电站应每月召开一次安全例会。其内容有：传达上级有关安全文件，通报有关事故，介绍兄弟单位有关安全生产的经验，检查本企业安全工作中存在的问题、事故苗子、事故隐患，提出措施；落实相应的工作计划，对安全生产工作进行总结评比等。

（二）开展定期性的安全大检查

定期地开展群众性的安全大检查活动，是不断巩固职工的安全思想，摸清设备的运行状况，采取措施消除设备存在的缺陷，保证安全生产顺利进行的有效办法，安全大检查活动体现了“以预防为主”的安全生产方针，安全大检查应有组织、有重点地进行。水电站应在每年雷雨季节前进行全面、详细的检查，在冬修前也应全面进行检查，以便给编制冬季检修计划提供依据，每次检查应有目的，抓住薄弱环节，找出问题的关键，集中力量加以解决。

(三)开展安全培训活动及定期考试工作

企业的安全状况与有关人员的知识和技术水平紧密相关，可以通过开展事故预想，反事故演习，讲解触电急救，安全工具的使用，安全规程的考试及活动，来加强安全意识及提高工作人员的安全知识和技能。

(四)建立安全累计记录，安全累计通常以天计

其累计时间的长短是评比企业、车间、班组、个人工作成绩的一项重要指标；结合奖惩，开展竞赛评比，能有效地促使广大职工群众共同搞好安全生产工作。

五、做好事故调查分析与统计

水电站的事故可分两大类进行统计和调查：一类指人身方面，包括人身死亡事故，重伤事故，恶性未遂事故，轻伤事故。另一类指设备方面，包括设备事故和故障(异常)。所谓事故是指水电站中机电元件全部或部分正常工作状态遭到破坏造成中断或减少送电的情况。所谓故障，是指水电站中机电元件出现异常，使其正常工作状态受到一定影响但不需立即退出运行的情况。

各级领导应十分重视安全生产工作，对事故应及时组织有关人员进行调查分析，从事故中总结经验，吸取教训，根据生产规律研究制定防止事故的有效对策。分析事故应做到"三不放过"的原则，即事故原因不明不放过；事故责任者和应接受教育者没有受到教育不放过；防范措施不落实不放过。分析事故既要实事求是，又要严肃认真，反对草率从事、大事化小、小事化了，隐瞒包庇等错误做法。

对重大事故，厂(站)负责人应亲自参与调查、讨论，做出正确的结论。对事故的责任者，要以教育为主，在弄清事实的基础上，通过认真总结经验教训，同时通过适当的经济手段，教育事故责任人，提醒大家。从大量的事故统计分析看，许多事故并非设备缺陷所致，而是由于运行操作人员

不严格遵守规章制度，工作不负责任所致。因此，对任意违反安全生产制度，不遵守劳动纪律，工作不负责任，以致造成重大事故者，应依据情节轻重进行严肃处理。

分析事故敢不敢坚持原则和实事求是，善不善于调查分析，能不能落实"三不放过"的原则，是反映一个企业安全生产工作落实的关键，也是安全监督和管理人员的素质与业务水平主要体现。

六、编制反事故措施计划

反事故措施计划是组织、动员水电站职工积极开展反事故斗争的重要手段，是有计划地消灭事故，扭转不安全局面的重要措施。水电站在编制设备更新、改造计划及设备大修计划的同时，应编制好每年的反事故措施计划。

反事故措施计划是以消除全厂可能发生事故的不安全因素为对象，主要内容为。

1. 有关安全的全厂性培训活动，如年度的规程学习与考试，新工作人员上岗前的培训考核等。

2. 进行事故预想，开展反事故演习。

3. 对已发生的事故、故障和异常情况提出预防对策，执行上级部门的反事故措施计划。

4. 需要消除的可能造成事故的重大设备缺陷。

5. 提高安全的重大技术改进措施，防止人身事故和改善劳动条件的安全技术措施等。

第五节　中小型水电站的生产管理

生产管理应从全局出发，制定统一的运行、检修规划。并应根据电网的实际情况考虑水电站的年、季、月的生产计划。单独供电的水电站则考虑用户用电的季节性需要来编制各项计划。

一、生产计划的编制

与大型水电站相比，并网的中小型水电站虽然有较大的灵活性，但其生产管理也要加强计划性，应考虑自己的生产特点，在充分发挥现有设备效能的前提下，对生产进行统一安排，制订出年度、季度和月度的生产计划，报上级主管部门批准，力争多发电，发好电。[①]

在编制生产计划时，应做到节约用水、合理用水、一水多用、一站多能的原则。对有水库调节的水电站，应做好全年总蓄水量的预算；对以灌溉为主结合发电的水电站，应列出灌溉库容；对以防洪为主结合发电的水电站，应列出防洪库容，以便正确处理发电与灌溉、防洪的关系，保证获得最大的综合效益。当发生矛盾时，应照顾到灌溉的需要、防洪的安全。

水电站既要考虑自身的经济效益，又要考虑社会效益。中小型水电站的生产计划包括下列内容。

1. 分别列出每季、每月数的年发电量。

2. 预计每度电的耗水量、耗水定额。

3. 厂用电量及厂用电率。

4. 单独供电的水电站，要考虑输电线路的线路损失。

5. 有水库调节的水电站，要按天气预报情况，考虑不同时期的允许库水位，以便充分利用水头及尽量少弃水。

6. 以灌溉为主结合发电的水电站，要列出不同时期的灌溉库容；以防洪为主结合发电的水电站，要列出不同时期的防洪库容；以便正确处理发电用水与灌溉、防洪的关系。

7. 年发电成本和单位电量的成本核算。

二、提高机组效率

水电站应根据生产计划的安排和电网调度的要求，确定自己的发电

---

① 水电水利规划设计总院. 梯级水电站集中控制通信设计规范[M]. 北京：中国水利水电出版社，2020.

计划和设备运行方式，使设备的运行方式符合安全、经济、合理的原则。

在运行方式中，应对水电站设备的正常、特殊运行方式有明确的规定，对节日调度、重大试验要有保证安全的措施。

为保证优化运行，提高机组的效率应注意下列几点。

(一)减少水力损失

水电站输出功率决定于水轮机的流量、水头和机组的效率，而机组的效率主要与设备水况与运行工况相关。减少水力损失应从流量、水头的因素进行考虑，流量损失有水工建筑物的渗漏、设备漏水，还有可能因调节、调度不当而引起无效弃水。前者可以通过加强对水工建筑物的观测、维修及水轮机的经常维护来解决；后者则要认真研究水源情况，掌握水库调节规律，了解负荷变化情况，在调度上多下功夫，做到既不浪费水，又能满足负荷的需要。有调节库容的水电站，要根据不同季节，合理调整库水位，尽量使其在高水头多发电，但在丰水季节，考虑防洪的要求，不能把库水位蓄得太高，为此，要与气象、水文部门密切联系，预计旬、月、季的来水量，根据气象预报，合理调节库水位，做到少弃水或不弃水。

(二)合理地进行水位调度

水头的高低将直接影响机组的功率，如何利用高水头发电是管理人员必须认真考虑的。有水库调节的水电站，一般都是以防洪、灌溉为主，结合发电的水电站，故应综合各方资料做出合理使用水头的方案。径流水电站机组经常碰到下游淤积，尾水位抬高，使运行水头降低，为提高水头，可在枯水期对下游进行清淤解决。

(三)合理选择机型及合理配套机组

机型应根据水源情况进行选择，机型选择欠当，机组长期在不利的设计工况下运行，这不但影响机组的寿命，还影响机组的输出功率。

实践证明，不少小型水电站在选择机组时，由于计划不周或其他原因，造成水轮发电机组转速不配套，影响机组输出功率；有时也会将容量不配套的水轮机和发电机安装在一起。一般情况都是水轮机容量大于发电机容量，不能充分发挥水轮机的潜力，使水轮机处于不利的工况下运行；有时也会是水轮机容量小于发电机容量，使发电机的输出功率不足；又如选用变压器容量过大，增加变压器不必要的损耗。

为充分利用水轮机、发电机的效能，要求水轮机与发电机的额定转速相匹配，在容量上一般要求水轮机的额定输出功率稍大于发电机的额定输出功率。

(四)开展经济运行，合理进行机组调配，使机组尽量在最佳效率区运行

所谓最佳效率区是指单位流量最佳、单位发电量最大，也就是发电效率的最理想区段。每发 1kW·h 电与耗用的流量、设计水头、设计效率有关。在同样的水头下，如何选择机组最佳运行区是管理人员应该考虑的。由水轮机的特性知，导叶开度最大不一定是最佳运行区，最佳运行区的确定要靠实际测试才能得出结论，或向发电设备制造厂索取水轮机运转特性曲线来选择最佳运行区。装机容量较大的水电站，在枯水期水源不足的情况下选择最佳运行区显得更为重要。

三、检修计划的编制

水电站设备检修，是提高设备健康水平，使设备经常处于良好的工作状态，保证安全、经济、满发、稳发的重要措施。根据水电站生产的特点，检修工作计划的安排必须贯彻以预防为主，坚持计划检修的方针。切实做到“应修必修、修必修好”。检修工作必须坚持“质量第一”“安全第一”，并结合检修工作进行挖潜、革新、改造，在保证设备质量的基础上，延长检修周期、缩短检修工期，不发生非计划临时性检修，努力提高设备利用率，水电站水工建筑及机电设备的检修，应分为年度大修和平时维修两种情况。年度大修一般在枯水季节进行，约 10 月下旬至第二年 2 月底，具体安排要看各水电站不同情况而定，径流水电站一般放在 8～10 月少雨季节为宜。平时的维修保养要按设备的健康情况订出维修计划，一般以各台机组轮流维修为好。编制年度大修计划前应做全面的调查研究，摸清

一年来设备的运行情况及主要缺陷，然后确定检修项目及经费预算。[①]

(一)年度检修计划内容

1. 检修项目

列出水工建筑物的部位、名称、内容，水轮机、发电机、电气设备、直流系统和输电线路等的检修，还要根据运行中发现的问题列出应该更新、调换的设备和急需添置的设备。

2. 检修性质

分为事故检修和计划(正常)检修，应根据设备检修前的技术条件和运行状况参照有关规程确定。在编制年度检修计划时，应为事故检修做好预案。

3. 所需要的主要量具和仪表

所需要的主要量器和仪表有水平仪、千分卡、兆欧表、钳形电流表、万用表、电桥等。

4. 检修时所消耗的材料和备品备件

按照检修项目和设备类型，对消耗材料及备品备件的规格、型号、单位、数量进行逐个登记并检查落实后，才能停机检修。

5. 进度安排和完成计划的措施

检修计划应根据工作内容和技术力量的状况，提出进度和时间的要求，并应提出保证计划实施的有效措施；检修工作应有组织、有领导地进行，要做到事先有部署，工作有检查，事后有验收；要把具体项目、内容、要求落实到班组，充分发挥班长及职工的作用。

(二)编制计划预算

根据检修内容和备品备件的数量提出预算，其项目大致分为。

1. 水工建筑物维修所需的材料及工时费用。

2. 机械设备检修时的备品备件的购置和加工费用。

---

① 路振刚，王永潭. 丰满水电站重建工程智慧管控技术探索与实践第 2 版[M]. 北京：中国水利水电出版社，2020.

3. 电气设备检修时的备品备件和消耗材料以及试验费等。

4. 检修时所必需的工具量具和仪表仪器的备用。

5. 输电线路维护时所需的消耗材料和备品备件费用。

6. 其他费用，包括改造设备缺陷、技术革新以及劳保用品等费用。

上述预算可以参考有关设备的产品目录和施工定额，通过编制预算确定维修费用所需要的总经费。

四、检修质量管理

检修管理既是生产技术管理，也是全面质量管理。检修工作实行全面质量管理，是保证检修质量的必要手段。所谓全面质量管理，是指全员参加的管理，全面质量的管理，全部过程的管理。

在检修工作中，应加强对每一道工序的管理，所有的检修工作都应有完整的记录和数据。并对各项工序的质量进行验收。

有关各项技术监督项目的验收，应由专业人员参加验收。重要工序的分段验收项目及技术监督的验收项目，应填写分段验收记录，其内容有检修项目、技术记录、质量评价以及检修人员和验收人员的签名。

主要机电设备大修后的总结验收和整体运行，由水电站相关负责人主持，指定有关人员参加。一般整体试运行时，应由检修负责人和运行负责人共同进行。

五、备品配件的管理

备品配件是指生产设备在正常运行的情况下，为保证安全生产必须储备的设备、部件、材料和配件。备品应按本身性质的不同分为配件性备品、设备性备品和材料性备品；按其重要性分为事故性备品、轮换性备品和消耗性备品。

备品管理是一项技术性、经济性和责任性很强的工作。做好这件工作，对于及时消除设备缺陷、防止事故发生和加速事故抢修、缩短停机时间、提高设备健康水平、保证安全经济运行有着重要的作用。中小型水电站应根据相关备品配件的管理办法，制定自己的备品配件管理办法和备品储备定额。

水电站应努力提高备品自给率，注意积累易损零部件更换周期的资料，制定出符合实际情况的年度和季度备品消耗定额。积极做好备品配件的订货工作。备品图纸要齐全、准确，备品的储备要符合定额，使用过的机件能修复的应及时修复，提高备品修复率。

备品应始终保证质量合格，以便及时更换使用，使用后的应及时补充。过多备品的储备会造成浪费；但储备不足，供应不及时，会拖延检修时间，甚至使事故抢修或检修工作无法进行，延长停机等待时间，影响水电站的发电和经济效益。

第六节　中小型水电站的技术管理

为了确保机组的正常运行，达到或超过按设计所规定的技术经济指标，对中小型水电站的水工建筑、机电设备必须加强技术管理，目前，许多中小型水电站普遍存在着新工人多、技术水平差、管理水平又跟不上的落后现象。

随着市场经济的发展，新技术、新设备不断出现，近几年来小水电事业发展也很快，如何加强中小水电的技术管理显得更加迫切和重要。搞好技术管理可从以下几方面着手。

一、技术培训工作

技术培训是技术管理的一项重要工作。加强水电站职工的技术培训工作，提高职工的技术业务水平，是中小型水电站面临的一项重要工作。技术培训工作应制定完整的技术培训制度和计划，定期执行培训任务。并利用技术讲座、技术表演赛、现场考核等多种形式，开展经常性的技术练兵活动，不断提高职工的技术业务水平。使运行人员熟悉主设备的构造、性能和有关各系统的设备和布置，熟悉本岗位的规章制度，熟练掌握各种运行操作和事故处理方法；并能分析仪表的各种指示和判断异常情况，能看懂设备和系统的图纸，能使用一般的工具处理一般的设备缺陷。对维护与检修人员，应熟悉设备装配工艺和质量标准，熟练掌握一般的钳工工艺，熟悉设备的结构、性能和系统布置；并能了解材料的规格、性能和使用范围，能看懂设备的构造图纸；能掌握本职范围内的安全知识和设备缺陷处理方法。①

二、技术考核和操作检查制度

为了水电站机组安全经济运行，管理和运行人员都必须了解设备的性能，严格执行运行规程、安全规程和操作制度。要做到设备有人管，技术有人抓，事故有人问，操作按规程，检修应及时。保证设备安全、经济运行，应做好以下几方面的工作。

1. 运行人员上岗前要进行安全教育、厂规厂纪等规章制度学习及劳动纪律的教育，并进行安全规程的学习和考试，考试合格后方可进入生产车间上岗实习。在独立操作前，应进行操作规程及“应知”“应会”考试，考试合格经主管生产的领导及技术人员审查批准后，方可进行独立操作。严禁不熟悉设备性能及不懂操作规程的人上岗独立工作。即使熟练工人，离岗六个月以上重新回岗上班的，也应进行安全规程和操作规程的考试，然后才能继续上岗值班。为巩固安全知识，牢固树立安全思想，对常年上岗的运行工、检修工也要有计划地进行一年一度的安全规程考试。

2. 水轮发电机组及其他附属设备应在许可的参数内运行。若超输出功率运行时，应严格执行有关规定，密切监视运行参数，摸清新的规律，做好分析和试验；同时，需经技术负责人及领导批准，绝对不允许盲目地超额定参数运行。

3. 不允许有严重缺陷的设备长期运行，即使在负荷相当紧张的情况下，也要统一安排，及时检修。设备缺陷的技术改造要经过技术鉴定，并

---

① 马文亮. 水电站坝后背管结构数值仿真分析研究[M]. 北京：中国水利水电出版社，2016.

报上一级批准。

4.设备检修投入运行前,检修人员应向运行人员交代检修情况,共同启动机组,办理交接手续。检修人员对大修过的机组要进行一段时间的试运行(一般为24h),以便在试运行中发现问题再进行处理。试运行合格后再交付运行人员管理。

5.小型水电站的水工观测、水文气象观测、备品消耗、磨损分析等,是指导运行的重要资料;各种系统图、结构图、电气接线图、备品配件图是指导运行的依据,要有专人保管好,以供需要时参阅。

6.认真做好技术资料、检修资料的管理工作,不断积累经验,更好地掌握生产规律、设备性能。资料应放在专门的档案室,并有人专门负责收集、整理和保管,技术资料不得随便外借,必要时可在资料室查阅。

7.建立工作票、操作票制度及设备缺陷管理制度和考核工作。工作票制度是运行检修工人在电气设备上工作,保证安全的组织措施的重要制度之一。在工作票中明确规定工作票签发人、工作负责人(即监护人)和工作许可人,并明确规定各人的责任范围,以利于检修工作的顺利进行。操作票制度的目的是为防止误操作而引起事故的发生,操作票应明确规定操作人、监护人及操作程序。建立设备缺陷管理制度的目的,是为了及时发现设备缺陷,消除缺陷,保证设备在正常状态下运转。为此,水电站必须加强工作票、操作票和设备缺陷的管理和考评工作。

8.建立适合实际的各种制度和规程。

三、加强运行资料的收集和整理

水轮发电机组运行效率的高低与管理水平、管理方法有着密切的关系。技术管理的另一项主要内容就是加强运行资料的收集和整理工作,为设备运行方式的制定和经济运行方式的确定,为设备检修计划的安排提供依据。

四、不断提高设备自动化水平

随着电力工业的发展,并入电网的中小型水电站日益增加,但目前多数中小型水电站，特别是小型水电站设备简单，技术落后，很多工作人员未通过培训上岗值班，且普遍采用手动操作，对操作人员的要求高且复杂。同时，管理人员少又不固定，且没有专管技术的人员，与迅速发展的中小水电很不相适应。实现中小型水电站综合自动化，建立一支懂技术、会管理的技术队伍，是中小型水电站当前技术改造、技术管理的重要工作。

中小型水电站的综合自动化是采用先进的电子计算机技术实现自动监测和控制。能够实时监测机组和主要设备的运行参数和运行状态，当其运行参数变化时能实现自动控制，保证设备稳定、安全、可靠地运行；在出现异常的情况下，断路器能自动地跳闸和关闭机组。

综合自动化应完成下面几项基本功能：①水轮发电机组的开机、停机和调整。如开机时，工作人员只要在控制室发出一个开机信号，机组能按预定程序进行，直至并入系统并带相应负荷。只需给出一个停机令，能自动完成整个停机过程；②实现导叶开度和机组转速的自动调节。有调速器的，调速器应处于自动位置，且能远方调整；③实现励磁的自动调节。能按有功、无功的分配，自动调节发电机的励磁电流，以满足系统无功负荷的需要；④机组发生故障时能发出报警信号，以便工作人员采取必要的措施进行处理；⑤发生事故时能自动跳闸并关闭机组，然后发出“事故停机”报警信号。

目前有不少中小型水电站已实现计算机监控，自动化程度较高。但真正实现自动化监控操作的中小型水电站还较少，这就需要在水电站计算机监控系统的选型设计和维护阶段进行大量的技术工作，以促进中小型水电站真正的无人值班、少人值守的到来。

第九章　水电站防汛管理

第一节　水电站防汛的一般规定和组织体系

一、一般规定

(一)基本原则

防汛工作是水电站安全生产的重要环节,防汛工作的基本任务是负责所辖发供电设施和在建工程的安全度汛;积极配合地方政府抗洪、防台抢险,保障抗洪、防台抢险和灾后恢复生产的电力供应。

防汛工作实行"安全第一,常备不懈,以防为主,全力抢险"的方针,遵循团结协作和局部利益服从全局利益的原则。

防汛工作实行主要行政领导负责制,统一指挥,分级、分部门管理。

(二)防汛工作内容

落实防汛工作责任制,建立健全年度防汛组织机构,编制防汛应对处置预案,根据实际情况,成立抗洪抢险队,完善防汛物资和后勤保障体系,明确各级防汛岗位责任。

修编完善年度防汛工作手册,按要求开展汛前检查、隐患治理、汛期值班、汛期巡查、信息报送等工作。组织防汛工作手册学习,开展防汛应急预案演练。

编制年度水库汛期防洪调度运用计划,行文上报审查,经有管辖权的地方政府防汛指挥机构批准后实施。汛前组织对防汛设备设施进行检查试验,发现影响防洪安全的问题,限期完成整改。

组织修编防汛物资储备定额，经审批后实施；按照防汛物资储备定额，定期补齐防汛物资。为保证防汛工作的顺利开展，应当优先安排防汛资金，用于防汛物资购置、防汛抢险等工作。

组织开展汛前防汛检查，针对检查发现的问题和隐患，及时完成整改，确保电力设备设施和水库大坝安全度汛。

（三）防汛实施管理

1. 开展防汛值班和信息报送工作，及时了解和掌握水情、汛情、工情和灾情等信息，按要求逐级报送信息，有关单位和个人不得虚报、瞒报、迟报。

2. 加强防汛值班工作，领导带班，有关人员轮流值班。

3. 加强对防汛设备设施的运行与维护，突出运维工作重点，确保防汛设备设施安全稳定运行。

4. 确保雨量站、气象站及时准确提供实时水情信息和气象信息。

5. 建立汛情会商制度，及时根据中短期天气预报开展水情预测会商，科学合理开展水库调度和水位控制工作。

二、防汛组织体系

（一）防汛组织机构

成立防汛领导小组，统一领导防汛工作。领导小组组长由行政第一责任人担任，设副组长、成员若干，下设防汛办公室（简称防汛办）。防汛办公室由防汛办主任、副主任、成员若干组成，下设防汛抗洪抢险队。[①]

（二）防汛岗位职责

1. 防汛领导小组

（1）贯彻执行国家及上级管理部门有关防汛工作的法律、法规、办法，以及水电站防汛管理相关规定。

---

① 邓安军，王党伟，史红玲. 山区河流低水头水电站取水防沙技术[M]. 北京：中国水利水电出版社，2021.

(2)接受有管辖权的地方政府防汛指挥机构、上级管理部门的领导，全面负责水电站的防汛工作。

(3)建立健全防汛组织机构，落实防汛岗位责任制，对防汛工作进行管理、监督、检查和考核。

(4)建立健全防汛管理规章制度，完善防汛工作标准化、规范化、制度化建设。

(5)审定向地方政府防汛指挥机构提出水库洪水调度建议。

(6)组织鉴定影响防汛安全的重大缺陷和异常情况，落实处理措施。

(7)领导防汛抗洪抢险和灾后重建工作。

2.防汛办公室

(1)执行防汛领导小组的决定。

(2)组织审查公司年度汛期防洪调度运用计划、度汛措施、水库运行方案、防汛总结，并按有关规定报批。

(3)组织编制或修订防汛管理规章制度和文件。

(4)负责组织开展对本单位的防汛工作检查以及水库巡查和上下游行洪通道调查。

(5)负责抗洪抢险时组织协调工作，组织做好防汛物资管理工作。

(6)掌握水情，及时向防汛领导小组报告汛情，安排防汛调度值班，落实汛期巡视检查制度，组织做好暴雨和防台风特巡工作。

(7)负责落实与地方防汛部门的防汛协调工作，汛期及时向上级有关部门汇报防汛情况。

(8)负责汇总抗洪、抗台风、抗暴雨的抢险救灾工作及损失情况，及时向上级报告。

(9)及时组织防汛工作总结。

(10)负责处理日常防汛工作。

3.防汛抗洪抢险队

(1)汛期防汛抗洪抢险队所有人员的手机应处于24h开机状态，不得设置电话转移或关机。

(2)当水库的雨水情达到规定的量级时,防汛抗洪抢险队进入 24h 候班状态,并由防汛领导小组直接指挥。各防汛抢险分队在接到抗洪抢险命令时,各队队长应在三十分钟内召集抢险队员赶到指定地点参加抢险工作。

汛期防汛领导小组及防汛办公室成员实行 24h 防汛值班,当处于紧急防汛期、厂坝区域出现暴雨、水库上下游出现洪涝、水工建筑出现险情、强台风登陆或其他防汛紧急情况,除进行巡检外,防汛抗洪抢险队应按指令集中于厂区待命,抢险车辆也集中于厂区。

(三)防汛工作计划及度汛措施

1.安全度汛措施

(1)汛前成立防汛领导小组及防汛办公室,组建防汛抗洪抢险队,并划分防汛岗位责任区。明确各有关部门和人员的防汛职责,切实贯彻落实防汛岗位责任制,指定专人负责各防汛设施和设备,并确保正常运行。

(2)健全完善各项防汛管理制度,并督促各部门严格执行,不断完善各项防汛管理工作,持续推进防汛工作标准化、规范化、制度化建设。

(3)组织开展有关防汛法规及文件的学习培训活动,加深理解,增强依法防汛意识。

(4)召开防汛工作会议,将各项防汛准备工作抓早、抓实、抓好。组织开展汛前防汛安全专项检查,对检查中发现的问题与缺陷及时制定处理措施,并及时完成整改。

(5)汛前组织对上下游河道行洪能力和库区岸坡情况进行实地调查,并向地方防汛部门汇报存在的问题,提请协调解决,确保汛期行洪安全。

(6)组织防汛应急抢险演练。

(7)汛期防汛领导小组及防汛办公室成员要坚守岗位,遇重大汛情,参加现场值班,组织协调各项防汛抗洪工作。

(8)召开上下游防汛协调会,沟通信息,增进理解,共同促进流域防汛安全。

(9)认真做好泄洪设施的运行管理工作,严格执行泄洪设施试验检查制度，加强巡查，及时开展消缺，确保洪水期所有泄洪闸门能根据调度需要及时安全启闭。防汛备用电源指定专人负责，保证随时开机送电。

(10)加强防汛物资的管理，严格防汛物资领用程序，规定防汛物资存储的库房管理办法，确保库房整洁干净，加强防火、防尘、防潮等措施，积极做好防汛工作的后勤保障。

(11)加强对厂房各种排水系统管路、电缆沟、排风洞、交通通道的日常检查维护，及时消除各种隐患，加强对外水易倒灌厂房的入口处检查、维护，及时封堵或引排，严防水淹厂房。

(12)加强大坝、厂房等水工建筑物(含坝前拦污装置)的安全管理，及时做好水工建筑物的消缺、维护、加固工作。

(13)对大坝、厂房等周边排水沟、排水涵洞进行全面的清理疏通，保证暴雨时排水畅通，预防小支沟洪水淹及厂房。

(14)加强对厂坝区高边坡的巡视检查，对存在岩石滑动、危石或风化掉块等地质灾害隐患的部位进行处理。

(15)加强大坝安全自动监测系统维护工作，确保自动监测系统运行稳定可靠，做好水工建筑物安全监测工作。

(16)大洪水和大风暴雨期间，加强水工建筑物的加密观测，同时密切监视大坝、厂房等周边边坡、排水沟有无险情，以及大坝上游行洪通道大型漂浮物情况，发现异常，及时处置。

(17)积极开展防汛法规、调度规程的业务培训，开展现场技术问答和技术比武活动，不断提高防汛相关人员的业务水平。

(18)抢险队伍做好抢险准备，备足抢险材料、设备和其他抢险物资，以备突发暴雨、洪水期间的应急抢修使用。

(19)开展防汛相关的新技术、新设备的创新研究与应用，深化无人机、水下机器人等科技前沿技术在水库巡查和上下游行洪调查、水工建筑物巡检和隐患排查等场景的应用。

(20)加强对厂房各种排水泵、阀门、排水管道的排水能力、设备备用情况、防止下游洪水倒灌措施的检查。做好发电设备和排水设备的运行管理，确保水电站厂房用电和防汛用电的正常供电。

(21)台风前后，加强防台防汛值班，开展建筑物及设备特巡，落实抵御台风的准备工作，及时完成台风后损毁整改，切实做好防台抗洪工作。

(22)汛前组织开展河道防汛安全宣传工作，履行社会责任。

(23)汛后进行防汛工作总结，吸取经验教训，安排防汛相关人员进行交流学习或调研考察，不断提高工作水平。

(24)做好事故预想和反事故演习，提高现场工作人员的应急能力和处理突发性事故的能力。

(25)按照大坝安全工作计划要求做好大坝安全相关工作。

第二节　防汛安全检查及处理

一、基本原则

每年汛前应组织开展防汛安全自查，并接受上级检查指导。对防汛自查和上级及相关单位防汛复查提出的整改项目，应组织落实整改，并将整改情况及时上报。

二、泄洪机电设备安全检查

汛前应对泄洪设施进行试验和全面检查，发现问题应及时组织排除，并填写试验和检查记录。①

闸门主要检查本体锈蚀程度、闸门水封是否损坏、各转动部分及滑轮是否存在异物阻卡等。检查发电机组进水口拦污栅是否出现堵塞，影响汛期机组正常发电。检查泄洪设施的动力电源是否可靠；防汛备用电源运转是否运行正常，是否按规定进行启动试验。检查闸门开度仪、开度标尺是否满足泄洪流量计算要求，在汛前是否进行了调试。检查是否对泄

① 关杰林．流域梯级大型水电站生产管理体系[M]．北京：中国三峡出版社，2021.

洪闸门和泄洪底孔进行启闭试验和检查。电气部分主要检查控制回路、电源开关、交流接触器和制动器动作是否正常。

液压启闭机主要检查油缸、油泵、阀组、油封、油管路及接头是否渗漏油；闸门挂钩及导向轨道是否有异物阻卡等。卷扬启闭机主要检查电动机绝缘电阻是否符合规程要求；变速箱和卷扬滚筒是否转动正常。钢丝绳主要检查锈蚀和磨损程度，有无断丝和断股现象，钢丝绳紧度是否均衡、适当，位置是否正常及两端头紧固件是否安全可靠等。

三、水工建筑物安全检查

汛前应对水电站大坝、坝体排水廊道、厂房、厂区道路及近坝区等各排水系统进行全面检查，及时对排水沟（涵洞）、沉沙池（井）进行清理，对排水管及地漏进行疏通，确保排水畅通。对大坝和厂房下游所有出水管口和拍门、止回阀、管路及接头进行全面检查，检查大坝和厂房下游侧的排水沟口是否设置挡水板及储备沙包，防止洪水倒灌。

汛前汛后及各次泄洪后，应对泄洪设施的闸墩、导墙、溢流面等泄水建筑物进行全面检查，发现问题，应及时处理。

泄洪期间加强对大坝基础灌浆廊道和排水廊道的巡视检查，监测坝体和坝基渗漏水及集水井排水泵的运行情况。加强对大坝下游水流流态、建筑物、厂区道路及近坝区护岸工程、桥梁进行巡视，发现异常情况，及时采取应急措施，并详细记录、拍照或摄像。加强监视近坝区下游河道，发现有渔民捕鱼或其他游人在行洪危险区域逗留，应尽可能进行劝阻，以免发生意外。

遇大洪水、大暴雨等情况，应对大坝、厂房、厂区道路等周边边坡进行巡视，发现威胁工程安全问题，及时采取应急措施。遇大洪水、暴雨、暴风、地震及库水位骤涨、骤落、高水位等情况时，加强对大坝、厂房巡视检查，同时增加大坝观测测次，发现有威胁工程安全的异常情况，及时采取应急措施。

四、大坝监测系统安全检查

汛前应对大坝外部变形、渗流渗压、坝体接缝、内部观测、地震观测、水质分析和环境质量监测等监测系统及观测仪器进行全面检查。重点检查是否按规定的监测周期进行监测以及观测数据是否正常，并填写检查记录。对观测资料应进行经常性整理分析，发现异常或疑点应及时复测和确认，并及时上报。

按照相关规范要求定期将观测仪器送具有相关资质检验单位进行检验，以确保仪器的可靠性。对有条件的监测项目及监测点，应定期进行人工比对观测或人工干预，给予一定物理变化量，以检查自动化测值的可靠性。定期对观测原始资料进行备份。

五、水情测报系统检查

汛前对水情自动测报系统的遥测站、中继站和中心站的设备进行检查测试，及时处理设备缺陷，确保系统正常运行。汛中遇雷电、暴雨、洪水、地质灾害等原因造成水情测报系统故障，或设备本身发生故障时，一般遥测站应在 48h 内抢修；中继站和重要遥测水位站应在 24h 内抢修。汛后对水情自动测报系统的遥测站、中继站和中心站的设备进行一次巡视检查与保养，确保系统正常运行。同时，还应进行分析、总结，不断完善其可靠性和测报精度。

汛期每 3h、非汛期每天应巡查中心站设备一次，检查电源、电台、中心控制仪、水情服务器等运行状况，并对遥测雨量水位数据、站点设备工作状态进行监视和分析，及时掌握流域雨水情变化及遥测站点运行情况。

六、下游行洪通道和上游库区调查

(一)水库下游行洪通道调查

下游行洪通道主要调查行洪通道内和行洪通道两岸影响洪水畅通、危及人民生命、财产安全的设障情况，危及水电站工程本身安全的活动。

第一，行洪通道内应调查：有无种植或自生的阻碍行洪的林木和高秆作物；有无阻碍行洪的违章搭盖、围垦、倾倒垃圾和土石渣等弃物；从事影响河势稳定，危害河岸堤防安全和其他阻碍河道行洪的活动；有无影响河道安全行洪的沙石土料、地下资源的开采；有无对河道壅水、阻水严重的桥梁、引道、码头和其他跨河工程设施；行洪通道内坍塌、滑坡、冲刷、淤积等情况；对安全行洪不利的航运情况；兴修水利水电工程对行洪通道的影响。

第二，行洪通道两岸应调查：建库后曾被洪水淹没的公路、铁路等交通道路情况；了解沿岸的植被、河岸稳定性、泥石流、塌方等情况；调查下游行洪通道防洪现状（如工程防洪标准、危险水位、警戒水位等）。

（二）上游库区调查

调查校核洪水位（或水库移民迁移线、土地征用线）以下库区自然状况和人为活动，包括库岸坍塌、滑坡情况和原因；移民建设点建设情况；库区违章建筑情况；围垦、围库养殖情况；水库泥沙淤积情况；向水库及河道倾倒、掩埋、大量排放有毒物质、污水和生活垃圾等；公路、铁路、桥梁等交通道路情况；违章开采砂石料情况；利洪水调度的库区航运情况；大洪水的水库回水线。

调查库区天然植被情况，特别是库区防护林遭受人为破坏程度。调查库区上游兴建的水利水电工程的特性参数及健康状况，特别是险病坝溃坝时可能造成的危害，必要时要求工程管理部门提供设计、运行管理资料。调查水库集水区域内的防汛设施和库区测量标志、土地征用线界桩等永久性保护设施的完好情况。

（三）调查结果处理

水库下游行洪通道和上游库区调查后，应对调查材料（含数据收集、拍照或录像取证）进行整理分析，形成书面报告，上报上级主管单位和地方政府，提请对存在的问题进行协调解决。

七、预防地质灾害检查

水电站的厂坝区域地形复杂，两岸山体受环境影响逐年风化，汛期易发生岩石松动、风化掉块、山体滑坡或坍塌等地质灾害事故。为防御或减轻地质灾害造成的不利影响，汛前、汛期及汛后应对重点地质灾害区域进行检查。重点地质灾害区域包括大坝、厂房、厂区道路等周边边坡。防止地质灾害巡视检查实行汛前检查、汛期巡查和汛后检查制度。[①]

（一）汛前检查

组织对厂坝区重点地质灾害区域可能发生地质灾害部位进行全面检查，特别应对上年度汛后检查中提出的整改项目落实情况进行检查，并编写检查报告，对存在的危险部位应有处理或预防措施。

（二）汛期巡检

汛期厂坝区发生暴雨、地震、台风等自然灾害及大坝泄洪后，组织对厂坝区重点地质灾害区域可能发生地质灾害部位进行全面巡查，发现危险点，应及时落实隔离措施，划定警戒区域，设立告示牌，并落实应急处置措施。

（三）汛后检查

组织对可能存在地质灾害部位进行详细检查，必要时可委托地质专业单位进行勘查，并编写检查报告，报告中应明确需采取工程措施的部位、范围、处理方案及处理期限。

（四）汛后检查完成后措施

汛后检查完成后，根据检查结果，原则上每年对厂坝区内易发生危石脱落的岩石边坡进行一次危石清理；对检查过程中发现的易发生危石脱落或山体坍塌的危险部位，应及时落实隔离措施，划定警戒区域，设立告示牌，并落实处置措施；对需采取较大工程措施的，按工程管理办法流程

---

① 韩羽，杨健，张勇. 水利水电工程地质勘探与水电站工程设计技术研究[M]. 北京：文化发展出版社，2021.

组织实施；巡视检查情况应做好详细记录并存档。

八、其他检查

检查防汛器材、物资储备是否充足，布设地点是否合理；是否按防汛物资管理规定建立台账、专人管理及领用审批手续。检查防汛车辆、船舶配备情况，以及车辆、船舶运行状态。

第三节　防汛值班和汛期巡视检查

一、汛期值班

防汛值班带班领导由防汛领导小组成员担任。汛期以及台风、暴雨等其他防汛需要，防汛办负责安排每日防汛值班人员，履行现场防汛值班职责。防汛值班人员应认真贯彻执行上级有关防汛工作的指挥，及时了解掌握水库流域内雨情、水情、工情和天气形势，严格履行防汛值班岗位职责。防汛值班人员应坚守岗位，保持通信畅通，不得擅自离开值班岗位。

二、汛期巡视检查

(一)暴雨洪水巡检及抢险

1. 报警雨量及响应程序

当厂坝区降雨强度1h达15mm及以上时；2h降雨量累计达30mm及以上时；3h降雨量累计达50mm及以上时，应通报汛情。

当厂坝区降雨强度1h达15mm及以上时，防汛值班人员立即到责任区域进行现场巡视检查。当厂坝区2h降雨量累计达30mm及以上时，防汛办组织专业防汛抗洪抢险队参加厂区现场巡视检查。厂坝区3h降雨量累计达50mm及以上时，通知防汛抗洪抢险队进行厂区现场巡视检查，必要时向上级防汛机构报告。

2.巡视区域

(1)大坝、厂房、厂区道路等周边边坡、排水设施。

(2)厂房各排水系统管路、电缆沟、排风洞、交通洞。

(3)大坝廊道排水沟道。

(4)泄洪设施。

(5)蜗壳和尾水管进人孔周边。

(6)厂房各排水系统及所有通往下游的排水管、雨水集水井及其排水泵房、渗漏集水井、检修集水井及其排水泵房。

3.抢险

发生险情时,除巡检外,防汛抗洪抢险队应按指令集中于厂区待命。暴雨期间,若不具备户外巡检条件,应利用工业电视等远程监控手段进行检查。巡检人员在各处检查时如发现山体滑坡、排水沟道堵塞、集水井水位超高、排水泵失灵、排水管道向厂房和大坝廊道倒灌等险情,应立即向防汛办报告,由防汛办组织处理;无法处理时,防汛办应立即向防汛领导小组报告,由防汛领导小组组织抢险,必要时专业防汛抗洪抢险队参与抢险。抢险期间,防汛办协调后勤部门做好抢险车辆调度等保障工作。

(二)防台风巡检及抢险

1.台风信息通报

当预报厂坝区域将在七级及以上风力影响范围内时,防汛办应向全体员工通报台风情况。根据台风预报情况安排防汛抗洪抢险队做好防台风准备工作。

2.巡视检查

在接到台风预报的通知后,立即组织对管辖设备和建筑物进行现场巡视检查。巡检中发现的缺陷和隐患,应立即进行消缺和隐患排除,无法处理时,应立即向防汛办报告。防汛办在得到缺陷和隐患报告后,应立即组织专业技术人员前往现场查勘,制定缺陷处理和隐患排除方案,并组织实施。

3. 防台风措施

当厂坝区遇七级及以上风力影响时，防汛办安排防汛抗洪抢险队人员进行24h现场值班，并组织落实防台风措施。现场遇紧急情况时，各部门值班人员应立即向防汛办报告。

(1)台风来临时，水工观测人员对大坝变形、渗漏、裂缝和扬压力等主要项目实施加密监测，频率不少于3次/天，发现监测数据异常时，立即开展原因分析及处理，并随时向防汛办报告。

(2)水工维护人员对大坝、厂房等水工建筑物以及周边排水设施、厂区道路排水设施、挡土墙等进行全面检查，对松动的屋面构配件、建筑物门窗等采取必要的加固、锁定等措施；如发现山体滑坡、排水沟堵塞等险情时，应立即处理，尽快排除险情，并随时向防汛办报告。

(3)运行值班人员按调度令准确进行泄洪闸门启闭操作，密切监视大坝廊道集水井水位变化，发现水位变化异常时，立即通知处理，并随时向防汛办报告。

(4)防汛抢险物资管理员参与24h现场值班，随时响应防汛抢险物资调配。

(5)台风来临前运行人员应对户外设备进行巡检，重点检查各设备操动机构箱门、端子箱门以及动力柜门等锁闭情况；检查各类标示牌紧固正常；检查窗户锁闭情况。

(6)台风来临时，检查厂用电、直流系统正常运行，根据“黑启动”应急预案，做好事故预想。

4. 注意事项

(1)巡视检查应做好详细记录。

(2)除应急抢险外，任何人不得擅自进入开关站等重点区域。

(3)厂坝区风力达5级及以上时，应停止所有露天高处作业、露天焊接或气割作业；当风力达6级以上时，禁止露天起重工作，并对作业现场设备、工器具进行转移或必要的加固。

(三)特殊水位工况大坝安全监测及巡检

当上游水位、下游水位、上下游水位差、上下游水位日变幅达到特殊水位工况时，应做好特殊水位工况大坝安全监测及巡检维护工作。

观测人员组织落实加密观测及巡检工作，大坝安全信息管理系统监测频次不少于3次/天。检查自动化系统运行稳定性、测值可靠性并做好记录。若自动化系统出现故障，应立即开展原因分析，并进行故障处理，必要时组织人工监测，确保大坝监测数据不中断，并及时上报。及时整编渗流、渗压、变形、接缝等监测资料，发现异常应立即上报。

加强检查坝体、坝体与基岩或岸坡结合处及厂坝接缝处的渗漏、伸缩缝开合情况，有无坝体止水破坏或失效等异常现象；检查厂房内各处排水口防倒灌设施以及各设备室渗漏水情况；检查大坝基础廊道渗漏水的流量变化及浑浊度；检查近坝库岸边坡是否有落石、滑坡、崩塌等异常现象。加强检查进水口漂浮物堆积及其对进水口拦污栅影响情况。泄洪时加强检查弧形闸门支臂和门叶运行、闸门振动及闸墩应力情况，注意观察泄水水流对下游建筑物的冲刷情况。

第四节　防汛报汛

一、对外联系

1.与省防汛办、地方政府防汛部门、水文和气象部门等有管辖权的流域机构之间的日常业务对口联系。

2.接受上级重要的防洪调度指令或其他重要的联系业务时，在实施前应及时向分管领导报告并征得同意，实施后应及时汇报执行情况。

3.向省防汛办提出的实时洪水调度建议，应分别经过防汛办公室、防汛领导小组值班领导审定同意后，方可进行上报。

二、对内联系

水调部门负责水情监测及预报工作，依据水库和流域雨水情及变化发展趋势，做好日内发电计划的修改调整，并建议电调部门按照调整计划进行申报。发供电设备临时检修计划批准后，电调应及时通知水调，以便修改调整发电计划。

当水情自动测报系统预报入库流量将大于机组满发流量且预测可能产生弃水时，水调应立即建议电调及时申请加大发电负荷，减少不必要的弃水。当水库水位将临上限水位时，若负荷安排不足，水库水位仍继续上涨，水调应及时告知电调，建议继续申请加大发电负荷。若不能明确短期内可以加大发电负荷，水调应做好开闸准备，及时发出闸门调度单，避免水库水位超限运行。

水调无法通过水调自动化等系统查看实时负荷时，应立即通知抢修，同时告知电调，在系统恢复正常之前电调应逐时向水调报送机组负荷，以便在必要时调节闸门，控制水库水位和出库流量，确保水库安全运行。

在泄洪期间，若机组甩负荷，全站总出力降低一台及以上机组，且 20min 内无法恢复时，电调应及时通知水调，以便适时调整闸门开度，确保水库安全运行。收到闸门调度指令后，应按指令时间及时操作。闸门操作过程如遇指令操作的闸门故障，应立即通知水调，必要时调换闸门，确保及时执行调度指令。因安全检查、设备调试、冲排污物等非泄洪需要的泄洪闸门启闭操作，应按照相关规定履行审批手续后方可执行。①

三、信息通报

汛前及汛期按相关规定向水库上下游相关单位、水电站所在地有管辖权的防汛部门通报水库防汛信息。通报防汛信息内容包括水工建筑物的设计防洪标准、水库洪水调度原则、设计承担的防洪任务；上年度流域

---

① 关杰林，韩波作．水电站机电设备故障分析与处理技术：电气分册[M]．北京：中国电力出版社，2021.

水情和洪水调度情况；上级防汛工作要求及上级防汛制度；防汛组织机构组成人员及汛期联系人；对外报汛制度及报汛范围；年度水库汛期防洪调度运用计划；防御超标准洪水应急预案；汛期防汛联系方式及联系电话；水库洪水调度权责划分；汛前水库下游行洪通道和上游库区调查情况，需地方政府协调解决的问题；水库上、下游禁区范围；汛期下游沿岸与水库泄洪相关的安全注意事项；有关防汛工作的其他事项。

第五节　防汛物资管理、后勤保障及总结

一、防汛物资管理

（一）防汛物资分类

根据防汛需要，结合电站及防汛重点部位的实际情况制定。防汛抢险物资分为专用和后勤保障两类。专用防汛抢险物资包括抢险物料、救生器材、小型抢险器具等；后勤保障防汛抢险物资包括应急食品储备、应急交通车辆等。所有电气设备、机械设备、起吊设备、运输车辆、船舶、抽排水设备以及各种电动、手动工器具等均是防汛抢险应急物资的组成部分，并由设备责任单位负责管理。

（二）防汛物资采购

根据相关规定编制年度采购计划，按审批后的防汛抢险物资年度采购计划进行申报、采购。防汛抢险物资仓库保管人员负责防汛物资的验收、领用、登记、保管和出入库管理，并按要求严格执行保管制度，切实做好防潮、防火、防盗等措施，做到账、物、卡相符。

根据小型抢险器具的特性，定期进行检测、充放电或试验，并做好检测或试验记录。应急抢险动用的小型抢险机具，抢险结束后应及时回收，经维修、测试正常后方可入库，并做好相应的记录。

汛期应每月对防汛抢险物资进行一次盘点存货和物资清查；非汛期应每季度对防汛物资进行一次盘点存货和物资清查，以保持账、物相符。

因防汛抢险领用、存放期损坏或过期的防汛物资,根据规定及时报送补充采购计划。

(三)领用管理

未经许可任何部门或个人不得擅自动用防汛物资。防汛物资的使用,一般情况由使用部门提出领用申请,经防汛办主任、防汛领导小组组长或副组长审批方可领用。

遇应急抢险特殊情况,防汛抢险物资可由使用部门先行领用,抢险结束后5个工作日内补办领用审批手续。

遇防汛抢险应急紧急需要时,所有电气设备、机械设备、起吊设备、运输车辆、船舶、抽排水设备以及各种电动、手动工器具等特殊抢险物资,均归防汛应急现场指挥部或防汛领导小组调用。

二、防汛通信管理及后勤保障

(一)通信管理

1.汛前对通信设备进行检查的内容

(1)设备运行情况、有无异常,备品备件储备是否齐全。

(2)对防雷、防潮元器件进行测试,并检查防雷接地连接处是否紧固、接触是否良好、接地线有无锈蚀。

(3)重要电路及备用电路的运行情况是否良好。

(4)设备运行情况、运行参数是否符合标准。

(5)光纤尾纤是否保护完好,有无防潮、防小动物咬啃的保护措施。

(6)对卫星防汛电话的方位、馈线、话机、电池应详细检查,确保通信质量。

(7)专用电池应每月充放电一次。

2.汛期通信设备的日常维护工作

(1)主汛期机房湿度大,应做好有关设备的防雷防潮工作,检查所辖盘、柜、端子箱门是否能关闭严密。

(2)每日两次检查防汛电话系统是否畅通无阻,以确保防汛指挥通畅。

(3)每日做好前一工作日交换机、微波光端等Ⅰ级干线传输设备及生产管理交换机的数据库数据备份,以防设备死机时重新启动安装需要。

(4)采用不同路由的双通道迂回措施。

(5)故障抢修时,按照先抢通中继电路和Ⅰ级电路,再分别抢通各级普通电路的原则进行;对大面积的用户故障按照先抢通中继电路、重要电路再抢通普通电路的原则进行。

3.防汛通信突然中断应急措施

(1)当值班室的程控电话突然全部失灵,导致通信中断时,立即采用手机通知通信维护人员进行检查、抢修,并启用手机、卫星电话对外进行调度联系。当通信维护人员预计程控通信故障短时间难以排除时,水调值班员可与省防汛抗旱指挥部等单位联系,约定用手机、卫星电话进行报汛与调度工作联系。

(2)当程控电话、卫星电话、移动电话等多种通信手段有部分出现故障时,水调值班员应采用其他正常运行的通信设备直接与外界传递水情与调度信息。

(3)当水调值班室所有电话、网络通信均故障,与外界一切联系全部中断时,水调值班人员应根据水库实时水情和洪水预报成果,按照批准的年度洪水调度方案进行洪水调度工作。一旦通信恢复,应按报汛规定及时将洪水调度情况向有关单位汇报。

(4)水调值班室与闸门操作人员通信联系中断期间,溢洪闸门启闭操作通知单可采用卫星电话通信方式传递。通信联系恢复后,补传溢洪闸门启闭操作通知单。

(二)后勤保障管理

汛期食堂应按照相关规定,结合日常食品消耗量,每天的库存量不少于定额标准。遇水库发生大洪水时,根据防汛领导小组的指示,及时协调增加食堂食品储备。

食堂管理人员对防汛应急食品的管理,必须严格执行《中华人民共和国食品卫生安全法》和食品保管制度，防止食物发霉变质。

汛期防汛应急交通车辆，按照相关规定进行配置，并 24h 待命。

三、防汛工作总结

每年应及时编写防汛工作总结并上报上级主管单位。水库入库洪峰流量大于规定量级的洪水，在洪水过后一周内，应编写洪水调度总结。

防汛总结主要内容包括雨情、水情和风情，主要洪水调度过程，受灾损失，防汛管理主要工作，防汛工作存在的问题，防汛工作的意见和建议等。

1. 雨情包括流域降雨、暴雨实况，时空分布，暴雨成因及特点。

2. 水情包括洪水过程，洪水主要参数，上下游洪水分布、每场洪水总来水量及洪水的特点等；汛期水库调度过程，包括最高水位、最大下泄量、汛期总弃水量、闸门启闭时间、汛末水库蓄水等内容。

3. 风情包括坝区及库区受影响台风次数和级别、强台风过程及台风主要参数等。

4. 主要洪水调度过程包括入库流量过程、泄洪闸门开启过程、出库流量过程、库水位变化过程（含调度图）等。

5. 受灾损失包括大坝及附属设施运行情况、发电情况、受灾及直接经济损失、总结经验教训等内容。

6. 防汛管理主要工作包括防汛责任落实、防汛设施维护、汛前防汛检查、隐患排查及整改、应急预案培训与演练、防汛物资储备、与各级地方政府和防汛部门的联防机制的建立等内容。

7. 防汛工作存在的问题包括提出需要上级主管部门或地方政府协调解决的防汛问题；防汛工作中存在的不足之处，且应改进的问题等内容。

8. 防汛工作的意见和建议包括对防汛中存在的不足或问题提出意见和建议。

第十章 水电站大坝管理

第一节 大坝安全检查

一、大坝安全定期检查

（一）一般规定

大坝定期检查范围包括挡水建筑物、泄水及消能建筑物、输水及通航建筑物的挡水结构、近坝库岸及工程边坡、上述建筑物与结构的闸门及启闭机、安全监测设施等。大坝定期检查一般每五年进行一次。首次定期检查后，定检间隔可以根据大坝安全风险情况动态调整，但不得少于三年或者超过十年。大坝首次定期检查应当在工程竣工安全鉴定完成五年期满前一年内启动；工程建完后五年内不能完成竣工安全鉴定的，应当在期满后六个月内启动首次大坝定期检查。

（二）定期检查程序及要求

按照专家组意见总结上次大坝定期检查或工程竣工安全鉴定以来大坝运行状况和维护情况，提出运行总结报告；按照专家组意见对大坝进行现场检查，并且提出现场检查报告；按照专家组意见，组织开展专项检查，提出专项检查报告并且经过专家组审查；国家及相关部门对专项检查有资质要求的，专项检查承担单位应当具备相应资质。承担单位应当按照专家组的要求开展工作，提交满足大坝安全评价技术要求的技术成果。

大坝定检报告应当包括以下主要内容：工程概况；历次大坝定期检查（或竣工安全鉴定、枢纽工程专项验收）意见落实情况；本次大坝定期检查工作情况；大坝设计、施工质量评价（仅对首次大坝定期检查）；大坝运行和检查情况；专项检查（研究）成果；大坝安全评价及大坝安全等级评定意见；存在的问题和处理意见；运行中应当重点关注的部位和问题；大坝定期检查报告应当评定大坝安全等级，对工程缺陷与隐患提出处理要求；重要函件公文、收集的现场资料与试验数据、专题论证以及咨询报告等均应当作为大坝定期检查报告的附件。①

大坝定期检查时间一般不超过一年半。对于工程相对复杂、安全问题突出、风险较大的大坝，大坝定期检查时间可以适当延长，但不得超过两年半。大坝定期检查时间以专家组首次会议为起始时间，以印发大坝定期检查审查意见为结束时间。

（三）监督管理

针对定检发现的问题，根据大坝除险加固有关规定，按照大坝定检审查意见提出的处理意见和要求，制定整改计划，限期完成补强加固、更新改造等整改工作，并且将整改计划及整改结果及时报送大坝中心，抄送有关派出机构。对存在重大缺陷与隐患的大坝，应当进行大坝险情评估，并且完善大坝险情预测和应急预案。大坝安全等级分为正常坝、病坝和险坝三级。

二、大坝安全注册登记

（一）一般规定

大坝运行实行安全注册登记制度，应当在规定期限内申请办理大坝安全注册登记。在规定期限内不申请办理安全注册登记的大坝，不得投入运行，其发电机组不得并网发电。不满足注册登记条件或者未取得安全注册登记证的大坝，应当在规定期限内办理登记备案手续，并且限期完成大坝安全注册登记。

大坝安全注册登记实行分类、分级管理：符合安全注册登记条件，大

① 郑源，吴峰，周大庆．现代抽水蓄能电站[M]．北京：中国水利水电出版社，2021．

坝安全管理实绩考核评价满足要求的大坝，核发安全注册登记证；安全注册登记等级分为甲级、乙级和丙级；符合安全注册登记条件，大坝安全管理实绩考核评价不满足要求的大坝，出具大坝登记备案证明；因未完成工程竣工安全鉴定而不符合安全注册登记条件的已建大坝，出具大坝登记备案证明。

大坝安全注册登记实行动态管理。甲级安全注册登记证有效期为五年，乙级和丙级安全注册登记证有效期为三年。

（二）安全注册登记、登记备案程序

大坝安全注册登记等级依据大坝安全状况及管理实绩，按照如下原则确定：大坝安全管理实绩考核评价在八十分以上的正常坝，安全注册登记等级为甲级；大坝安全管理实绩考核评价在六十分以上、不满八十分的正常坝，安全注册登记等级为乙级；大坝安全管理实绩考核评价在八十分以上的病坝，安全注册登记等级为丙级。安全注册登记等级为乙级、丙级的大坝，运行单位应当及时整改，达到甲级标准。

大坝安全管理实绩由大坝中心现场检查评定，主要考核评价内容如下：贯彻执行大坝安全法律法规和标准规范情况；大坝安全制度规程建设和执行情况；大坝安全工作人员素质和能力；防汛、应急管理、大坝安全信息报送情况；大坝安全检查、监测情况；大坝安全资料及档案管理情况；大坝维护、隐患及缺陷处理、整改落实及安全经费保障情况。

大坝安全注册登记程序包括注册登记申请、材料审查、专家评审、注册决定、颁发证书等环节。对于已蓄水运行的未注册登记大坝，运行单位应当在完成工程竣工安全鉴定或者大坝安全定期检查三个月内，向大坝中心书面提出安全注册登记申请。申请时提交安全注册登记申请书、企业证照、新建水电站工程竣工安全鉴定报告等材料。

对于已注册登记大坝，运行单位应当在大坝安全注册登记证有效期届满前三个月向大坝中心提出书面安全注册登记换证申请及相关变更材料。主管单位、运行单位、大坝安全等级，以及工程级别等注册登记主要事项发生变化的，运行单位应当在三个月内将有关情况报大坝中心，办理

安全注册登记变更。

大坝登记备案程序主要包括材料报送、材料审查、出具登记备案证明等环节。新建大坝通过蓄水安全鉴定后，建设单位应当在首台发电机组转入商业运营前，将工程蓄水安全鉴定报告、蓄水验收鉴定书以及有关安全管理情况等报大坝中心登记备案。

（三）监督管理

持续改进大坝安全管理工作，每年按照大坝安全管理实绩考核评价的相关要求进行自查，并将自查情况报送大坝中心。

取得甲级安全注册登记证的大坝，发生下列情形之一的，由大坝中心提出并经国家能源局批准后，降低安全注册登记等级：在最近一次大坝安全定期检查或者特种检查中被评定为病坝的，降为丙级；在最近一次大坝安全定期检查或者特种检查中发现重大缺陷或者隐患后，超过六个月未安排处理的，降为乙级；大坝关键部位、重要项目安全监测设施不符合要求，定期检查或者特种检查结束后一年内未安排整改的，降为乙级；未按照计划开展大坝安全定期检查相关工作，逾期超过一年的，降为乙级；大坝安全管理实绩考核评价不满八十分、但在六十分以上的，降为乙级。

取得安全注册登记证的大坝，发生下列情形之一的，由大坝中心提出并经国家能源局批准，注销安全注册登记证，出具登记备案证明：大坝发生设防标准内洪水漫坝、坝体结构严重损坏等影响大坝安全和水电站正常运行的重大事件的；大坝安全管理实绩考核评价正常坝不满六十分、病坝不满八十分，三个月内未按照要求整改的；注册登记证有效期满后逾期六个月仍未申请换证的；最近一次安全定期检查或者特种检查评定为险坝，或者评定为病坝后六个月内未按照要求整改的；取得乙级安全注册登记证的大坝未按照计划开展安全定期检查相关工作，逾期超过一年的。

取得安全注册登记证的大坝，有下列情形之一的，按照有关规定处理，由大坝中心提出并经国家能源局批准或者由国家能源局责令，撤销安全注册登记证，出具登记备案证明：采用隐瞒、欺骗、贿赂等不正当手段取得安全注册登记证的；大坝中心有关人员违反规定颁发安全注册登记证的。

取得安全注册登记证的大坝，发生下列情形之一的，由大坝中心提出并经国家能源局批准，安全注册登记证作废，办理注销手续：经批准，大坝已经退役的；经批准，大坝已经拆除重建的；大坝已经失去挡水功能的。

第二节　水库运行及调度

一、一般规定

（一）基本要求

1. 水电站水情自动测报系统运行维护管理内容主要包括站点日常管理、巡检维护、故障维修、记录与总结、设备台账、设备备品、技术改造等。

2. 水情遥测站网的布设应根据水库流域洪水预报方案的要求确定，并保持稳定。如因流域水文特性变化或人类活动影响等原因，需调整遥测站网，应根据预报调度的要求，按照合理经济的原则，经论证审批后实施，确保能及时、准确地掌握流域内的水情和趋势。①

3. 水情自动测报系统设备计划检修、停役或软件修改升级，如果影响与上一级调度主管部门数据通信或转发数据时，应提前一个工作日报上级调度主管部门审批。水情自动测报系统发生系统全停或异常，影响与上一级调度主管部门数据通信时，应尽快采取措施恢复运行，故障抢修时间超过 1h，应及时报告上级调度主管部门。

4. 水情自动测报系统建成投运后，应重视系统的运行管理，6～8 年应进行系统全面的综合性评价。

（二）运行维护人员要求

1. 水情测报系统运行、维护人员应经岗位培训合格，方可上岗。

---

① 谢秋华，杨廷勇，杨云. 大型水电站计算机监控系统技术[M]. 北京：中国三峡出版社，2022.

2. 系统运行人员应熟悉系统原理、结构和有关设备的功能与技术指标，熟悉水电站工程特性和上游流域特性，熟悉系统软硬件和遥测设备仪器使用方法。

3. 系统维护人员应具有水文、计算机应用等方面的专业知识，并了解一定的通信专业知识，熟悉水电站工程特性和水库流域特性，熟悉水情遥测站点的布设情况、水调自动化系统软硬件设备使用方法、相应规范和操作规程，具有相应的专业技能并经培训合格。

(三)系统运行、管理要求

1. 水情自动测报遥测站点的看护管理宜采取就近委托方式，委托相关单位或个人对测报站点进行现场管理。

2. 应储备必要的备品备件和配备专用车辆以及系统维护所必需的仪器仪表和工器具，及时开展水情遥测站点的巡视检查、日常维护与故障抢修工作。汛期野外遥测站点一旦出现故障，应尽快前往排除，更换损坏零部件、排除故障。完成维修任务后，应把故障部位和性质、更换零部件和排除故障所用时间等记入技术档案。

3. 水情自动测报系统的备品备件，配备数量可按系统规模确定，但不应少于系统设备数量的 15%，不足 1h，应按 1 个配备。备品备件应每年汛前检查一次，确保随时可用。

4. 系统应建立相应的设备台账，对设备从购置到报废的全过程实现动态管理。

5. 严禁随意对设备断电、更改设备供电线路；机房内严禁串接、并接、搭接各种电气设备和工器具。如发现用电安全隐患，应及时采取措施排除，不能及时排除时应立即向相关负责人员报告。

(四)资料管理要求

1. 水库调度中所有技术及运行维护记录、总结、专题报告等资料，要及时归档保存。水情自动测报系统责任班组应每天做好运行记录，每月统计上报主要运行指标，重要情况应及时提交专题报告，系统维护应及时记录相关内容。

2. 系统运行总结采用年度总结制。总结由水情自动测报系统运行单位在年底前完成，并于次年 1 月 10 日前上报水电站主管单位。总结内容包括设备运行情况、水文预报情况、综合效益分析、存在的问题及改进意见等。

3. 调度中水量平衡计算表、水库调度日志、月统计表、年报表等有关资料分别在月末及年末整理汇编，第二年年初归档保存。

二、水库调度运行

（一）洪水调度

在无预报或预报成果无法应用于实际调度的情况下，一般采用库水位为判别标准进行洪水调度。当水情自动测报系统运行正常且预报精度能满足实际调度需要时，也可采用预报入库流量为判别标准进行洪水调度。

年度洪水调度中应以地方防汛抗旱指挥部当年批复的洪水调度方案进行调度。当设计调度规则与当年批复的洪水调度方案不一致时，应以批复的洪水调度方案为准。汛期水库洪水调度应按照有相应管辖权的地方防汛抗旱指挥部批准的调度方案执行，任何单位和个人不得干预。在防汛期间，如有相应管辖权的地方防汛抗旱指挥部门和防汛办有电话或口头命令指示，必须录音和有文字记录。有关领导在场时，文字记录须经其审阅。

在洪水调度中应注意把水文气象预报和调度结合起来，在洪水到来之前，可提前采取加大发电腾库或预泄措施，最大限度地提高水量利用程度。在洪水调节过程中，要不断根据水情变化，及时提出新的预报成果及调洪措施。

（二）发电调度

水电站水库发电调度按其相应的电力调度图及电力调度规则进行。水库电力调度规则如下所述。

1. 在汛期，库水位限制在汛期限水位以下，按不蓄出力发电，电站随来水流量的加大而增加出力直至满发。

2. 在非汛期，尽可能保持高水位运行，提高发电水头，同时注意减少弃水，增加发电量。

3. 在供水期，要注意经济用水，细水长流。

4. 在非汛期，当库水位在保证出力区按保证出力发电；当库水位在加大出力区，多余水量原则上一次用完，以减少弃水；当库水位在降低出力区，按降低出力发电；若库水位降至发电消落水位时，按来水流量发电。

（三）闸门调度

当水库调度需要通过溢洪闸门宣泄流量时，既要考虑下游防冲要求，又要顾及闸门操作安全方便，各闸门尽量保持均匀泄流。选择闸门启闭顺序时，应考虑尽可能减少坝下水流对坝下两侧建筑物的冲刷、坝下大范围的回流和泄洪水流的挑流高度影响。

当洪水调度需要时，可对已开启的闸门进行单孔或多孔开度调整。当水库调度需要进行较大变幅的流量调整时，可允许闸门开度跨档调整。当需要泄流时，若闸门因事故不能开启时应把事故闸门的流量平均分配给其余孔。

闸门操作时禁止相邻或相近闸门同时反向操作，即闸门开度同时进行增大和减小的操作。闸门启闭时操作人员应实时监视泄洪水流，发现异常应立即停止操作或采取纠正措施。

（四）水文情报工作

水情站网所有雨情、水情资料应定期进行计算与整理，年底进行整编，统一管理。水文情报的发报项目和内容按每年上级单位及地方防汛抗旱指挥部和水库报汛规程执行。

报汛情报应及时记录或录音，并登记在规定的记录簿内，当发现报汛情报有疑问时应及时查询，收到查询答复后也应及时记录。报汛电文应进行校对，向外发报应做到不错报、不迟报、不缺报、不漏报，发报中有差错，应及时拍发更正电报。

(五)洪水预报

水情自动测报系统逐时自动进行洪水预报和不定时人工干预预报。进行人工干预预报时，要考虑上游各电站的调蓄影响，修正洪水预报结果。

水库出库流量的预报根据预报人员最终确定入库流量预报值、水库水位情况和发电引水条件而定。如需要泄流时，预报出库流量为各时段计划泄洪流量与计划发电流量之和。

水库逐时段库水位预报值根据入库流量、出库流量预报值通过调洪演算确定。预报作业后，应密切注意水情的发展，发现原预报不准，应及时修正，允许对未来时刻的各项预报值做修改，但已过去时刻的预报值不能修改。

三、水情自动测报系统检查与维护

(一)日常维护

汛期每天应对中心站系统服务器、网络服务器及外围设备等进行一次例行巡视，对来自遥测站的水位数据(包括人工置数水位、流量)、雨量数据、设备电池电压、数据传达通道及设备工作状态进行监视和分析，并做好详细记录。在恶劣天气和大洪水期间可适当增加检查次数，一旦出现故障应及时处理。中心站设备每日巡视一次；坝上、下游水位站每周巡视一次，并做好记录。交接班时应对水情自动测报系统运行状况(特别是异常或故障情况)进行详细交代。

对水情自动测报系统运行状况(包括遥测站点)进行日常定时检查，发现异常或故障立即处理，无法排除时通知维护人员及时抢修。维护人员应按时开展水情测报系统的汛前检查、汛期巡查和汛后检查，发现异常或故障立即排除，做好记录。

(二)定期维护

1. 维护周期：汛前、汛后应对系统各进行一次定期检查维护。在系统投入运行的前 2～3 年要适当增加定期检查次数。暴雨、洪水、台风(大风)期间或过后,应根据具体情况而定,安排专项检查、维修或全面检查。

2.对系统设备的运行状态应全面地检查和测试,发现和排除故障,更换存在问题的设备或零部件,并做好记录。内容如下所述。

(1)清洁设备。清理积在雨量器承雨器中的杂物,清洗太阳能电池板,清理水位井进水口的水草、淤沙。

(2)检查设备的防水防潮情况。

(3)检查电源及设备通信情况。

(4)检查设备接地情况。

(5)检查有无阻碍雨(水)量测量的因素,有无阻碍水位计正常运行的因素。

(6)检查接头接触是否良好、有无腐蚀。

(7)校核雨量计、水位计等。

(三)故障处理

时间要求如下所示。

1.中心站故障应在2h内处理。坝上、下游遥测水位站故障应在6h内处理。

2.中继站和重要遥测水位站发生故障时,维护人员应在24h以内到达站点抢修,尽快恢复其正常运行。

3.如达不到上述要求,应采取必要的冗余方式。

第三节　水工建筑物管理

一、一般规定

(一)基本要求

大坝出现险情征兆时,大坝运行单位应当立即报告大坝主管部门、地方防汛指挥机构和电力监管部门,并采取抢救措施。抢险工作结束后,大坝运行单位应将抢险情况向大坝主管部门、地方防汛指挥机构和电力监管部门报告。

对尚未达到设计洪水标准、抗震设防标准或者有严重质量缺陷的险坝，大坝主管部门应组织有关单位进行分类，采取除险加固等措施，或者废弃重建。险坝加固应由具有相应设计资质的单位做出加固设计，经审批后组织实施。险坝加固竣工后，由大坝主管部门组织验收。在险坝加固前，大坝运行单位应对险坝可能出现的垮坝方式、淹没范围做出预估，制定保坝应急措施，报防汛指挥机构批准。

水电站大坝补强加固和更新改造工程，应进行设计审查。对于涉及大坝地基和隐蔽工程的施工项目，施工过程中应按照隐蔽工程的要求，进行专项验收。① 大坝运行单位在排除大坝险情后，应及时组织修复工作，尽快恢复生产。

（二）运维人员要求

水工建筑物运行维护人员应经过相关岗位技术培训合格后，方可开展相应的水工建筑物的运行维护工作，并逐步做到持证上岗。应熟悉水工建筑物特性及其管理要求，具备发现水工建筑物缺陷的能力，熟悉处理缺陷的方法和工艺。

（三）水库大坝区域管理要求

1. 大坝及其设施受国家保护，大坝运行单位应加强大坝的安全保卫工作。枢纽区安全护栏、防汛道路、界桩、告示牌等管理设施应完好。

2. 在大坝管理和保护范围内不得进行爆破、打井、采石、采矿、挖沙、取土、修坟等危害大坝安全和破坏水土保持的活动。在水库内，任何单位或个人不得进入距水工建筑物三百米区域内炸鱼、捕鱼、游泳及其他危及水工建筑物安全的行为。在坝体上不得修建码头、渠道、堆放杂物、晾晒粮草，不得将坝体作为码头停靠各类船只。在大坝的集水区域内发现有乱伐林木、陡坡开荒等导致水库淤积的活动，或在库区范围内发现围垦和进行采石、取土等危及库周山体的活动的，大坝运行单位应立即制止，并上报地方主管部门予以纠正。

3. 大坝运行单位应按地方政府要求做好相应反恐怖防范工作；任何

① 孙勇. 大中型水电站运行技术：基础篇[M]. 北京：中国三峡出版社，2022.

单位和个人不得干扰大坝的正常管理工作。

(四)资料管理要求

1. 日常运行、维护工作应在巡检或维修过程中及时记录下相关的数据以及参加人、记录人；日常巡检还应同时记录与状态相关的环境量（如水位、气温、降水量等）。

2. 需要整理的资料应在现场采集工作完成后随即进行；若发现异常数据应及时求证与报警。

3. 建立大坝相关资料档案的归档制度；应于每年汛前完成上一年度资料的归档工作。资料包括大坝安全检查（日常巡查、特殊检查、年度详查和专项检查等）、大坝安全监测成果、水情测报系统资料、水库调度资料等各种现场原始记录、图表。

二、水工建筑物运行

(一)挡水及泄水建筑物运行要求

1. 大坝坝顶应保持一定的排水坡度，大坝表面（包括坝顶、坝坡和坝肩等）应平整无积水、无杂草、无弃物，防浪墙、坝肩、踏步完整，轮廓鲜明，坝端无裂缝、无凹坑、无堆积物。大坝坝顶、坝坡不得种植树木、农作物，不得放牧、铲草皮，不得搬动护坡和导渗设施的沙石材料等。

2. 不得在大坝坝面堆放超过结构设计荷载的物资，不得使用引起闸墩、闸门、水工结构等超载破坏和共振损坏的冲击、振动性机械；不得在坝面、水工结构构件上烧灼；有限制荷载要求的建筑物应悬挂限荷标示牌。各类安全标志应醒目、齐全。

3. 大坝局部出现破损应及时修补，保持大坝工程和设施的安全完整、正常运用。大坝坝体出现裂缝、凹坑、鼓包等缺陷，应建立台账，描述缺陷所处部位、位置、性状，是否存在析钙、渗水现象；土坝坝体还应描述是否存在管涌或流土现象；缺陷应列入定期巡检范围，做好记录，必要时应进行处理。

4. 过流面应保持光滑、平整；泄洪前应清除过流面上能引起冲磨损坏的石块和其他重物。坝前泥沙淤积和坝后河床冲淤情况应定期监测。淤积影响枢纽正常运行时，应进行冲沙或清淤。有排沙设施的大坝应及时排淤；无排沙设施的，可利用底孔泄水排淤，也可进行局部水下清淤。

5.应设置完备的排水系统，并及时巡查、清理，保持排水通畅。坝体廊道内应整洁、无杂物，地面无积水，照明良好。大坝集水井应设置两套以上不同原理的水位传感器。

（二）输水建筑物运行要求

1.应严格根据设计要求，保证进水口在水库最低水位下运行时有足够的淹没深度。在各级运行水位下，进水口应水流顺畅、流态平稳、进流匀称。进水口所需的设备齐全，闸门和启闭机的操作应灵活、可靠，充水、通气和各类通道应畅通。多泥沙河流上的进水口应设置有效的防沙措施，防止泥沙淤堵进水口，避免推移质进入引水系统。严寒地区的进水口，应有必要的防冰措施。进水口应具备可靠的电源和良好的交通运输条件，并应有设备安装、检修及清污场地，以便于运行和管理。

2.根据河流污物的种类、数量和漂移特征因地制宜地采取相应的导污、清污措施，并及时清除进水口前积聚的污物。拦污栅和清污平台的布置应便于清污机操作和污物的清理及运输。多污物河流上进水口的拦污栅应装设监测压差的仪器，以掌握污物堵塞情况，便于及时清理。拦污栅前、后水压差控制值应以设计文件为准。

3.机组事故快速闸门应配置一路独立于厂用电的应急电源，如柴油发电机、UPS（不间断电源）或地区电源。每半年进行一次事故闸门应急电源切换，抽蓄电站应进行上水库、尾水事故闸门及下水库事故检修闸门全行程提落门试验，做好闸门全关机械位置（钢丝绳）标记。

4.压力隧洞的充、放水工作应参照已建工程经验，提请设计单位提供充放水技术要求，制定可行的充水、放水方案，并经大坝运行单位技术管理部门评审，报总工程师批准后实施。压力隧洞放空和充水过程应进行实时监测，其主要监测项目有水道内外水压力、水道渗漏量、水道外排水量、水道系统特殊部位的应力和变形等。压力隧洞的充水（放水）过程应严格控制充水（放水）速率，并划分水头段分级进行。每级充水（放水）达到预定水位后，应稳定一定时间，分析监测成果，确认压力隧洞各相关部位变形、渗漏情况正常后，方可进行下一水头段的充水（放水）。在实施充水之前和放空之后，应全面检查水道系统，如洞身结构、外观状况、交叉封堵堵头（包括施工支洞封堵体）、排水设施、金属结构启闭状况及监测系统等方面。运行期，宜每5～10年安排一次水道系统全面检查，检查发现的问题应及时处理；水道检查和缺陷处理的工期应充分考虑电站水头、水道周边地质条件、水道衬砌结构型式等因素，结合水道检查和缺陷处理工作实施难度确定。

5.调压室的运行应根据上下游水位、电站的运行特性、压力水道和调压室设计状况等因素，严格按照设计提出的调压室运行要求和限制条件运行。

（三）厂房运行要求

1.泄洪对厂区造成的雾化等不利影响的，应采取相应的防护措施。进入厂房的主要交通道路在设计洪水标准条件下应保证畅通；在校核洪水标准条件下，应保证进出厂人行交通不致阻断。

2.蜗壳层应至少设置两个安全通道，并保持通道畅通。地下厂房安全出口大门，应有从内部打开的措施。

3.厂房应采取可靠措施防止洪水倒灌。对可能导致水淹厂房的孔洞、管沟、通道、预留缺口等应采取可靠的封堵和引排措施。应绘制防外水进入厂房的井坑孔洞封堵图，标明孔洞位置及封堵时机。建立防止水淹厂房隐患排查的常态化工作机制，对排查出的隐患或缺陷及时治理验收。

4.厂房集水井应设置两套以上不同原理的水位传感器。主厂房最底层应设置不少于三套水淹厂房保护水位信号器。厂房排水系统设计应留有余量，充分考虑电站实际运行情况，选用匹配的排水泵，并设置一定容量的备用泵。

5.电站重要部位应安装防护等级不低于IP67的固定工业电视摄像头，应自带大容量存储卡，工业电视系统设备UPS持续供电时间不应小于1h。

三、水工建筑物检查与维护

(一)日常巡查

1.水库首次蓄水或提高水位期间,宜每天1次或每2天1次,具体依库水位上升速率而定。

2.正常运行期,每月应不少于1次,汛期应增加巡视检查次数;当水库遇到特殊工况时,应适当增加巡视检查次数。

(二)特殊情况下的巡视检查

1.当大坝遭遇水库高水位或低水位、低气温或者冰冻期等不利环境因素影响时,应增加巡视检查频次。

2.当坝区(或其附近)发生强震、特大暴雨、大洪水或水库水位骤降、骤升时,应增加巡视检查频次。

3.其他影响大坝安全运行的特殊情况发生时,应及时增加巡视检查频次。

(三)年度详查

年度详查应于每年一季度前完成。应结合汛前、汛后的年度巡视检查成果,分析上一年度内大坝及其附属设施运行情况、洪水调度情况、设备缺陷及处理等对大坝安全的影响;重点分析变形、裂缝、渗水和扬压力等测值变化情况,分析其对水工建筑物安全的影响;并按要求格式提交年度详查报告。

年度巡视检查主要要求如下所述。

1.每年至少在汛前和汛后各进行一次。

2.年度巡视检查在现场工作结束后20天内应提出详细报告。

3.年度巡视检查除按规程对大坝各种设施进行外观检查外,还应检查、分析大坝运行、维护记录和监测数据等资料档案,初步评判大坝运行性态。

4.每年汛前应对泄洪设施、大坝监测系统、水情测报、通信和照明等系统进行全面的检查，检查泄洪闸门、启闭设备、动力电源试运转情况，检查防汛抢险物资、应急通信以及交通运输设施的准备情况，检查与有关部门签订气象、水情服务协议情况，检查水情传递、报警以及大坝运行单位与大坝主管部门、上级防汛指挥机构之间联系是否通畅。

5. 每年汛前、汛后，检查水电站大坝、近坝库岸和下游近坝边坡是否有危及大坝和水库安全的情况。

(四)专项检查

1. 对发现的缺陷、隐患要及时治理，必须整改的问题要在下一轮大坝定期检查(或安全鉴定)前完成治理。

2. 大坝遭受超标准洪水或者破坏性地震等自然灾害以及其他严重事件后，应进行特种检查，全面评价大坝安全性。

(五)检查方法和记录要求

1. 大坝安全检查可通过目视、耳听、手摸、鼻嗅等直观方法，并辅以锤、钎、量尺、放大镜、望远镜、照相机、摄像机等工器具进行。巡视检查工作应由经验丰富、熟悉本工程情况的水工专业技术人员主持，检查人员不应任意变动。

2. 每次巡视检查均应按规程进行现场记录，宜附有略图、素描或照片及影像资料等，并将检查结果与上次或历次检查结果对比、分析。可采用坑(槽)探挖、钻孔取样或孔内电视、注水或抽水试验、化学试剂测试、水下检查或水下电视摄像、超声波探测及锈蚀检测、材质化验或者强度检测等特殊方法进行检查。①

3. 现场记录应及时整理，并结合监测资料编写检查报告和建立档案。对工程应逐项检查和记录，对异常和损坏部位应详细说明，并进行摄像或录像，以便专项调查和养护修理。

4. 巡视检查的重点是大坝的异常现象，如裂缝、异常变形、沉陷、渗

① 刘树锋，黄本胜，汤勤生. 农村水电站安全生产标准化建设指导书[M]. 郑州：黄河水利出版社，2022.

漏、混凝土剥蚀、钢筋锈蚀、滑动、隆起、塌坑、冲刷、局部变形等。

5.检查中如发现大坝有损伤，附近岸坡有滑移、崩塌等征兆或其他异常迹象，应立即上报，并分析其原因。对巡视检查中发现的安全问题，应立即处理；不能处理的，应及时报告本单位有关负责人。巡视检查及处理情况应以文字、图表的方式记载保存。

（六）日常维护

水工建筑物日常维护包括混凝土建筑物维护、输水洞及溢洪道维护、边坡维护等。

第四节　大坝安全监测管理

一、一般规定

（一）基本要求

大坝运行单位应按照相关规范的要求编制水工监测规程或各监测项目作业指导书，明确监测项目、周期、方法、仪器、精度和记录要求，开展大坝安全监测工作，应编制监测设施检查维护规程，明确监测设施检查和维护的周期、检查内容和要求，开展监测系统日常检查和维护工作。

监测仪器设备及其配套设施的使用、检验和校正，按规范执行。现场安装的监测仪器设备应有保护措施，定期进行巡查和维护。监测仪器设备故障应及时维修处理，维修后应重新规定校核，并做好维护记录，注明仪器、仪表或装置的异常和故障，记录电缆接长或剪短等情况。

同一项目的监测方法应相对固定，监测方法变更后应及时修订监测规程。同一监测项目的监测仪器、监测人员宜相对固定；监测仪器或监测人员变更后，应及时记录，并采取措施以保证资料的连续性。测值出现异常时，应进行复测、确认，并进行记录和说明原因。

监测仪器设备的封存、报废，监测项目、测点、频次和期限的调整，应按照相关要求，由大坝运行单位提出，大坝上级管理单位审批后实施，实施情况应报送大坝中心。对于大坝安全重要的监测项目应保证其完好，如仪器设备失效应尽快修复、更换或采用其他替代监测方式。

监测系统在功能、性能指标、监测项目、设备精度及运行稳定性等方面不能满足大坝运行安全要求时，应进行更新改造。监测系统改造工作应采用通过审查的设计方案；施工完成后经过一年试运行合格后，方可进行竣工验收。监测系统更新改造过程中，大坝运行单位应对重要监测项目采取临时监测措施，保证监测数据有效衔接。监测系统自动化改造时应尽可能保留原有的人工监测系统。

大坝运行单位应按照规定，及时报送大坝安全监测信息。大坝运行单位应建立监测资料数据库或信息管理系统。

(二)运维人员要求

1. 配备从事大坝安全监测的专业技术人员；监测人员应经过相关岗位技术培训合格后，方可开展相应的大坝安全监测工作，并逐步做到持证上岗。

2. 监测人员应具备必要的水工专业知识，了解大坝及相关水工建筑物的结构和运行特性，熟悉监测设施的布置情况、监测仪器设备使用方法、相应规范和操作规程、监测精度控制要求。

3. 负责监测资料整编和分析的人员还应掌握监测物理量的计算方法、监测资料规律性分析和相关物理量对比分析的方法，熟知监测重点和相关监测物理量运行监控指标或安全警戒值。

(三)监测系统运行、检查和维护要求

1. 日常监测应按相关规范、规程以及设计要求的时间和频次、技术要求进行。测值出现异常变化时应复测确认，分析数据异常原因，必要时加密观测；若确认系监测系统故障的，应尽快查明故障原因并及时修复。当发生地震、非常洪水或其他可能影响大坝安全的异常情况时，大坝运行单位应加强巡视检查，增加监测频次(必要时增加监测项目)，分析监测数据，评判大坝运行状态，及时上报有关情况。

2. 大坝运行单位应定期开展长系列监测资料综合分析工作，监测资

料分析应突出趋势性分析和异常现象诊断，对大坝的关键监测项目，应提出运行监控指标。长系列监测资料综合分析工作可结合大坝安全定期检查开展，但两次综合分析监测资料时间间隔不得超过五年。

3.监测系统发生故障时，应及时进行维修处理，故障排除后应重新检验、校正，并详细记录；在此期间，应考虑替代监测方式进行测量，直至系统恢复。监测自动化系统应配备必需的备品、备件。仪器应有防挤压、防冻、防潮和防高温措施，精密测量仪器应防日晒、雨淋、碰撞震动。监测仪器设备应专库存放。监测设施、传感器应按设计要求、规范和说明书进行安装、埋设、调试，并及时取得初始值。

（四）资料管理要求

1.大坝运行单位应建立大坝安全监测技术档案。人工监测、自动化监测、巡视检查和设备的运行维护均应做好所采集数据（或所检查维护情况）的记录，并按档案管理规定，同时以纸质打印版与电子版及时存档。

2.所有监测数据测读完毕后应进行计算、比对，发现异常立即分析和复测，在保留原始数据的基础上对误测、误记和重测数据进行记录。日常资料整理应在每次监测后随即进行；自动化监测应实时自动整理和报警。内容包括监测原始数据的检查、异常值的分析判断、填制报表和绘制过程线以及巡视检查记录的整理等。监测数据应及时整编和分析，监测资料整理分日常资料整理与年度资料整编，整理和整编要求应按照相应标准进行。年度资料整编工作应在监测年度次年 3 月底前完成。

二、大坝安全监测系统运行

（一）观测工作

仪器观测应遵循以下原则：仪器观测应同时记录观测时段相关环境及工程形象面貌等要素。各类监测仪器中成组布置的各测点应同步观测。同部位的各类监测仪器应在同一观测时段进行观测。发现测值异常应及时复测，并与巡视检查成果比对。

变形观测应符合下列规定：根据工程特点和监测设计要求，制定变形观测实施方案。变形观测采用的仪器设备应与观测精度相匹配，使用前应进行检查、校正，并做好记录。全站仪、经纬仪、水准仪等精密测量仪器在观测前仪器温度与环境温度应趋于一致，观测中不得受到日光的直接照射。变形观测外业成果应完整记录原始数据。每期观测结束后，应及时对变形观测外业成果进行检查、验算，全部合格后进行计算处理。根据变形观测成果和现场环境条件，定期对变形观测工作基点的稳定性进行分析评判。①

渗流观测应符合下列规定：根据工程地质、水文地质条件特点和监测设计要求，制定渗流观测实施方案。量水堰型式与渗流量不匹配时，应及时调整。有集水井等抽排系统的，应定期收集、记录抽排水量资料。渗水中发现有析出物等异常情况时，应及时记录；必要时取样进行渗水和析出物水质分析。

监测自动化系统数据采集应符合下列规定：监测数据宜每 3 个月进行一次备份。发现数据异常应及时进行检查、复核。定期对自动化系统的部分或全部测点进行人工比测。每次仪器观测或巡视检查后应随即对原始记录加以检查和整理，将资料录入数据库或监测信息管理系统，并及时做出初步分析。每年应进行一次监测资料整编。

（二）监测资料综合分析

监测运行阶段应定期进行监测资料综合分析，在首次蓄水前、竣工验收前及出现异常或险情时也应进行监测资料综合分析。监测资料综合分析工作应包括下列内容：仪器观测与巡视检查成果相结合，定性与定量分析相结合；分析监测物理量的时空分布规律，以及与工程地质、水文地质、环境要素和结构特点的关系；监测数据分析宜采用比较法、作图法、特征值统计法及数学模型法。采用数学模型法分析时，应分析效应量与原因量之间的相关关系，确定效应量的时效分量的大小和变化趋势；对异常现

① 钱冰，冯治国，冉垠康，等. 水电站设备维修技术创新发展路径探索：基于国能大渡河检修安装有限公司十四五科技规划[M]. 成都：西南交通大学出版社，2022.

象做出成因解释，并分析其对建筑物运行安全的影响；评价建筑物的运行性态。

（三）安全监控

安全监控工作应通过仪器观测、巡视检查等手段，监视大坝运行状态的变化，发现大坝缺陷、隐患以及监测管理等问题时，应及时预警，为后续安全控制措施的制定提供支持。安全监控所需的信息应包括施工期和运行期监测信息、水情信息、相关工程资料和安全管理文档信息等。

对用于安全监控的监测项目，应根据理论计算、模型试验或监测资料综合分析成果，参考类似工程经验提出单测点监控指标和结构安全综合评判指标，并根据实际情况动态调整。当单测点监控指标超限时，应及时排除监测仪器和管理问题；结构安全综合评判指标超限时，应及时分析异常情况对大坝安全的影响。

在线监控系统应符合下列规定：在线监控系统应具有在线监测管理和在线安全监控等功能，实时反映监测系统的工作状况和混凝土坝的工作状态，并实时预警反馈。对特高坝或高风险坝，在线监控系统宜具备在线技术会商和快速分析功能。在线监控的监测项目测次不宜少于 1 次/天，遭遇大地震、大洪水、极端气温等恶劣自然条件或大坝出现异常时，应加密监控测次。在线监测管理功能包括监测信息远程传输、误差识别和反馈，监测系统运行情况监控，监测问题反馈，闭环管理等功能。在线安全监控功能宜具备在线信息检查、在线结构动态评判、在线安全问题管控等功能。

三、大坝安全监测系统检查与维护

应按监测系统的特点，从环境、安全、防护和功能等方面进行维护。监测系统维护应满足系统正常运行的要求，包括检查、检验、清洁、维修和保养等工作，保持各类监测设施标识完整、清晰。

监测系统检查维护包括日常检查维护、年度详查、系统综合评价和故障检查维护。日常检查维护可在现场监测时或大坝安全日常巡视检查时进行。

监测系统的年度详查宜安排在汛前，结合水工建筑物的汛前检查进行。其内容包括检查监测测点情况，审阅上一年度监测系统运行、检查及维护记录，在水电站年度详查报告中反映监测系统运行性态，分析其是否能满足监测评价大坝安全的目的。

监测系统的综合评价应至少每五年进行一次，宜结合大坝安全定期检查进行。通过选取有资质和经验的单位对大坝安全监测系统进行全面检查、测量和率定，提出监测系统综合评价报告。报告应评价监测系统的完备性、监测设施的精度和可靠性，分析监测系统异常状态的原因，提出监测仪器设备封存、报废及监测项目停测的建议以及对安全监测系统的改进意见等。

监测数据出现异常时，应对相关的监测仪器设备进行检查。监测自动化系统采集的数据出现异常时，应对系统及时进行检查，并对相关传感器的人工测值进行比较。

对监测自动化系统，日常应对测点、监测站、监测管理站、监测管理中心站的仪器设备及其相关的电源、通信装置等进行检查。每季度对监测自动化系统进行一次检查，每年汛前应进行一次全面的检查，定期对传感器及其采集装置进行检验。

应定期对光学仪器、测量仪表、传感器等进行检验；有送检要求的仪器设备，应在检验合格的有效期内使用。监测仪器设备进行维护或更换后，应做详细记录。

第五节　闸门及启闭机金属结构管理

一、一般规定

(一)基本要求

大坝泄洪闸门管理工作在泄洪期间应实行 24h 现场值班制；其他时

段可根据实际情况实行候班制，即白班实行现场值班制、晚班实行候班制。候班人员应能保证接到指令后30min内赶到现场。

根据具体设备特性编写厂级设备运行规程，包含设备日常巡检项目、设备技术参数、运行注意事项、运行操作步骤及常见故障判断；设备维护部门应根据具体设备特性编写厂级设备维护规程，维护规程内容应包含技术参数、日常养护项目及周期、各级维护检修项目及周期和常见故障判断处理。

(二)运维人员要求

运维人员应熟悉设备特性，掌握机械、电气及自动化相关专业知识。应经过岗位培训合格后，方可进行水工机电设备的操作维护。属特种设备（如门式起重机、桥式起重机等）的设备需持有合格有效的特种设备操作证人员方可操作。

(三)作业要求

大、中型水电站泄洪闸门启闭运行，应由水库调度部门发出调度指令，调度指令通过调度指令单或有录音的电话传达到执行部门（或班组）。执行部门（或班组）根据下达的指令填写闸门操作单进行操作。所有操作应由两人进行，其中一人操作，一人监护。以上调度指令及操作票应指定专人（或班组、网络）保管，保管期限不少于一年。

做好管辖设备经常检查，检查中做到日常检查、定期检查、特别检查相结合。当遭遇设计地震烈度及以上地震、超设计标准洪水或发生相关事故之后，应对设备进行特别检查，特别检查需委托有相关资质单位进行检测，并出具相关设备检测报告书。特别检查内容包含闸门变形检测、腐蚀检测、无损探伤和应力检测、启闭机性能状态检测、结构振动检测、启闭力检测等。具体检测内容和要求按照相关规定执行。

设备维护部门应在规定的期限内，完成既定的全部维护作业，达到质量目标和标准，保证闸门、启闭机及附属设备安全、稳定运行。对存在缺陷及时处理，若短时无法处理或处理时机不成熟的应编制应急措施，并纳入下一轮检修计划。

(四)资料管理要求

各单位运行、维护部门应加强对原始资料、日常记录、操作票及相关总结报告等的保管。

二、水工机电设备检查与维护

(一)日常检查周期及内容

1. 闸门(含拦污栅):每月不少于一次;其中泄洪工作闸门泄洪期每天不少于一次。主要检查闸门搁置情况、闸门门体、闸门止水、平板闸门支承滑块、弧形闸门支承铰、闸门(含拦污栅)防冻装置、闸门振动情况、拦污栅压差装置等。

2. 液压启闭机及控制系统:每月不少于一次;其中泄洪闸门启闭机及控制系统主汛期每周不少于一次,泄洪期每天不少于一次。主要检查设备清洁情况、油箱液位、空气滤清器、压力阀、压力控制器、控制系统、设备紧固螺栓等。

3. 卷扬式启闭机及控制系统:每月不少于一次;其中泄洪设施汛期每周一次,泄洪期每天不少于一次。主要检查设备清洁情况、减速箱、各部分连接零件、转动部分、润滑系统、制动系统、联轴器、钢丝绳磨损情况、控制系统等。

4. 配电系统与备用电源:每周检查不少于一次。主要检查变压器及温控箱、配电自动切换装置、配电连接片、配电盘熔断器、柴油机油箱油位、冷却风扇、进油管路、回油管路等。[①]

(二)定期检查周期及内容

1. 闸门(含拦污栅):工作闸门定期检查周期应为每年汛前、汛后各一

① 罗欢,李胜华,黄伟杰. 梯级电站开发对水生态环境及河流健康影响研究[M]. 中国环境出版集团,2022.

次，汛期可视情况增加检查次数。机组进水口事故快速闸门及拦污栅可结合机组大小修时检查；检修闸门定期检查周期为每年在汛前检查一次；船闸、升船机的各检修闸门应在船闸、升船机二级保养和大修前10天对其进行一次全面检查，以确保检修期间，各检修闸门能正常投入使用。主要检查闸门油漆涂层，吊耳，平板闸门锁定装置、门叶、梁系、支臂，平板闸门主侧滚轮，拦污栅，门槽等。

2. 液压启闭机及控制系统：非汛期为每季一次，汛期为每月一次。主要检查压力阀、压力控制器整定值、闸门开度仪、各检测开关、电动机绕组绝缘、各部位紧固螺栓、承重机架等。

3. 卷扬式启闭机及控制系统：非汛期为每季一次，汛期为每月一次。主要检查检测开关、控制柜内元器件、钢丝绳压板螺栓、钢丝绳本体、保护装置、制动器、各部位紧固螺栓、电动机绕组绝缘等。

4. 配电系统与备用电源：非汛期为每季一次，汛期为每月一次。主要检查变压器柜内端子排、蓄电池、各机械连接部位、发电机各绕组和控制回路的绝缘电阻等。

(三)维护周期及内容

1. 闸门(含拦污栅)：每年汛前一次。主要维护内容包括闸门和拦污栅清理、观测调整，闸门行走支承、承压滚轮、导向装置养护，闸门止水装置养护，闸门吊耳养护，平板闸门锁定装置养护，闸门(含拦污栅)防冻装置维护，拦污栅除锈、补焊、防腐等。

2. 液压启闭机及控制系统：每年汛前、汛后各一次。主要维护内容包括设备卫生清洁，设备交直流输入、输出电源测量，各接线端子紧固，继电器校验，闸门开度仪转动部分润滑，控制系统各电缆及电源电缆绝缘检查测试，电动机外壳除污、除锈刷漆液压油检验等。

3. 卷扬式启闭机及控制系统：每年汛前、汛后各一次。主要维护内容包括设备卫生清洁，过卷保护装置试验，控制系统各电缆及电源电缆绝缘检查测试，电动机外壳除污、除锈刷漆，减速箱内的润滑油更换，开式齿轮啮合间隙检查及调整等。

4.配电系统与备用电源:每年汛前一次。主要维护内容包括继电器校验,操作开关、按钮接触情况检查,蓄电池内阻测试及蓄电池均衡充电,发电机带载启动,空气、汽(柴)油、机油滤清器清洁等。

参考文献

[1]曾云，吴正义. 水电站计算机监控[M]. 北京：中国电力出版社，2020.

[2]陈帝伊，贾嵘. 水电站自动化[M]. 北京：中国水利水电出版社，2019.

[3]陈芳. 小型水电站运行与管理[M]. 北京：中国电力出版社，2016.

[4]陈曦，周邠鹏，司政. 抽水蓄能电站防震抗震研究[M]. 北京：中国水利水电出版社，2018.

[5]邓志刚，周英华. 小型水电站计算机监控实用技术[M]. 郑州：黄河水利出版社，2016.

[6]冯黎兵. 水电站微机监控技术[M]. 上海：上海交通大学出版社，2017.

[7]高普新，马韧韬，杨旭. 高水头电站调节保证计算分析研究[M]. 郑州：黄河水利出版社，2018.

[8]龚成勇. 水电站[M]. 西安：西安交通大学出版社，2017.

[9]郭文成，周建中，张勇传. 水电站平压设施—调速系统耦合过渡过程与控制[M]. 北京：科学出版社，2018.

[10]韩菊红，卢娜. 水电站[M]. 郑州：黄河水利出版社，2020.

[11]郝元麟，余挺. 水电站气垫式调压室设计[M]. 北京：中国水利水电出版社，2017.

[12]黄悦照，聂刚. 抽水蓄能电站仓储标准化管理实务[M]. 北京：中国电力出版社，2018.

[13]姬晋廷，张贤斌. 小型水电站[M]. 南京：河海大学出版社，2017.

[14]简新平，张红光，董卫. 水电站非恒定流数值计算及程序设计[M]. 北京：科学出版社，2018.

[15]李富春，徐艳群. 抽水蓄能电站 TBM 施工技术[M]. 北京：中国电力出版社，2018.

[16]李家坤. 农村水电站输变电与供电安全[M]. 南京:河海大学出版社,2017.
[17]李匡. 梯级水电站洪水预报调度系统[M]. 北京:中国水利水电出版社,2020.
[18]李想,尹冬勤,魏加华. 梯级水电站多尺度多目标联合优化调度[M]. 北京:科学出版社,2020.
[19]刘丽娟,刘晓林,李福利. 水电站电气设备维护与选型[M]. 长春:吉林科学技术出版社,2020.
[20]刘幼凡,杨正策. 水电站[M]. 北京:中国水利水电出版社,2019.
[21]刘幼凡. 水电站[M]. 北京:中国水利水电出版社,2016.
[22]路振刚,王永潭. 丰满水电站重建工程智慧管控技术探索与实践(第2版)[M]. 北京:中国水利水电出版社,2020.
[23]马威. 小型水电站电气一次设备检修[M]. 北京:中国电力出版社,2016.
[24]马文亮. 水电站坝后背管结构数值仿真分析研究[M]. 北京:中国水利水电出版社,2016.
[25]宋汉周,朱旭芬. 水电站坝址渗流水化学及其监测导论[M]. 北京:科学出版社,2017.
[26]宋志强. 水电站机组与厂房耦合振动特性及分析方法[M]. 北京:科学出版社,2018.
[27]杨阳. 水电站地下厂房围岩与结构地震响应分析[M]. 南京:河海大学出版社,2017.
[28]姚卫星,周光荣,徐礼达. 水电站电气设备安装[M]. 北京:中国水利水电出版社,2019.
[29]袁平顺,周强,肖厚云. 大型水电站地下洞室群开挖技术与围岩稳定控制[M]. 成都:四川大学出版社,2020.
[30]张启灵,黄小艳,胡蕾. 水电站垫层蜗壳组合结构研究与应用[M]. 北京:中国水利水电出版社,2020.